La galassia vivente

Eugenio Mieli · Andrea Maria Francesco Valli · Claudio Maccone

La galassia vivente

Vincitori e vinti nella Via Lattea

Eugenio Mieli
Pomezia, Italy

Andrea Maria Francesco Valli
Société Scientifique du Bourbonnais pour
l'étude et la protection de la nature
Moulins-sur-Allier, France

Claudio Maccone
Roma
Istituto Nazionale di Astrofisica
Roma, Italy

ISBN 978-3-031-65653-8   ISBN 978-3-031-65654-5 (eBook)
DOI 10.1007/978-3-031-65654-5

Visitando l'astronomia, la geologia, la biologia, la paleontologia e la futurologia, troveremo che il numero di pianeti attuali abitati da civiltà galattiche come la nostra è 3 cioè NOI e, forse, qualcun altro a circa 17000 al da noi, cioè lontanissimo.
Ma, così come capita per le forme di vita che nascono in una certa nicchia e che, se le condizioni lo consentono, invadono tutto l'ecosistema, analogamente, se una civiltà galattica superasse tutte le sfide a cui è sottoposta, allora invaderebbe l'intera galassia e diventerebbe ETERNA: in tal caso le civiltà attuali sarebbero oltre 2000, tutte altamente evolute e in viaggio nella galassia.
Allora, il problema che dovremmo porci è un altro: se noi fossimo una super-civiltà in grado di spostarsi nella galassia, dove sceglieremmo di andare? I sistemi solari come il nostro sarebbero interessanti per queste civiltà?

Prefazione

Siamo soli nell'universo? Questa domanda ha affascinato le menti di scienziati, filosofi e sognatori per secoli. Colpisce al cuore della nostra comprensione del nostro posto nel cosmo e della natura della vita stessa. Mentre cerchiamo di rispondere a questa domanda fondamentale, la ricerca di intelligenze extraterrestri (SETI) è diventata uno dei campi più importanti ed eccitanti dell'indagine scientifica.

In definitiva, la domanda può essere risolta solo attraverso l'osservazione. Dobbiamo cercare nei cieli segni di vita oltre la Terra, sia sotto forma di segnali radio, firme biologiche nelle atmosfere di esopianeti lontani, o anche prove dirette della tecnologia impiegata dalle civiltà extraterrestri. Tuttavia, mentre continuiamo a osservare ed esplorare, possiamo anche usare l'equazione di Drake per guidare il nostro pensiero sulla probabilità che la vita esista altrove nell'universo.

L'equazione di Drake, proposta per la prima volta dall'astronomo Frank Drake nel 1961, è un argomento probabilistico per stimare il numero di civiltà extraterrestri attive e comunicative nella nostra galassia, la Via Lattea. La forma classica dell'equazione tiene conto di vari fattori, come il tasso di formazione stellare, la frazione di stelle con pianeti, il numero di pianeti abitabili per stella e la probabilità che la vita intelligente emerga e sopravviva abbastanza a lungo da comunicare. Assegnando valori a queste variabili, possiamo arrivare a una stima del numero di civiltà che potrebbero esistere nella nostra galassia.

Alcuni hanno definito l'equazione di Drake un modo per quantificare la nostra ignoranza sulla presenza della vita nell'universo. Dopotutto, molte delle variabili nell'equazione sono attualmente sconosciute o difficili da stimare con certezza. Tuttavia, l'equazione serve come quadro prezioso per pensare ai fattori che potrebbero influenzare l'emergere della vita e dell'intelligenza oltre la Terra.

Nel loro libro rivoluzionario *La Galassia vivente*, gli autori adottano un approccio originale ed esaustivo all'equazione di Drake. Approfondiscono ciascuna delle variabili dell'equazione, attingendo alle ultime ricerche provenienti da un'ampia gamma di discipline scientifiche. Dall'astronomia all'antropologia, dalla geologia alla genetica, gli autori esplorano la scienza all'avanguardia che sta gettando nuova luce sulla possibilità di vita extraterrestre.

I lettori de *La Galassia vivente* saranno esposti a una ricchezza di affascinanti intuizioni e scoperte. Impareranno a conoscere la ricerca in corso degli esopianeti, le probabilità per la vita di emergere negli ambienti difficili di altri mondi e i processi evolutivi che potrebbero portare allo sviluppo dell'intelligenza e della tecnologia. Il libro esplora anche le implicazioni culturali e filosofiche della ricerca di vita extraterrestre e come la scoperta di civiltà aliene potrebbe cambiare la nostra comprensione di noi stessi e del nostro posto nell'universo.

Mentre vi imbarcate in questo viaggio attraverso le pagine de *La Galassia vivente*, vi invito a mantenere una mente aperta e un senso di meraviglia. La ricerca della vita oltre la Terra è una delle grandi avventure scientifiche del nostro tempo, e l'equazione di Drake rimane uno strumento utile per guidare il nostro pensiero e ispirare la nostra immaginazione. Sia che siamo soli nell'universo o che facciamo parte di una vasta comunità cosmica, la ricerca di risposte sarà sicuramente emozionante e illuminante.

Lee-on-the-Solent,   Stephen Webb
Regno Unito

Introduzione

Questo non è solo un libro *scientifico*. Nel senso che vuole essere soprattutto un racconto di una serie di avvenimenti, precosmici prima, preistorici poi ed infine futuribili, popolato da scenari e protagonisti possenti la cui esistenza è, questa sì, basata su modelli scientifici, ma che, assieme, rappresentano il dramma della vita che nasce e s'impone o muore e scompare.

La scena sarebbe la stessa di tante teogonie mitiche, il tema ugualmente trascendente: la creazione del mondo, il destino degli esseri che lo popolano, la caduta e la possibile redenzione, la realtà iniziale e quella finale. Ma i cantori di un tale poema epico sono ora l'astrofisica, la geologia, la chimica, la biologia, la paleontologia e la futurologia; e la metrica poetica da loro usata è la matematica.

L'azione inizia tra le ultime stelle, sorelle sì, ma profondamente diverse tra loro. Prosegue nei sistemi planetari che, come diversi ecosistemi, si rivelano ospitali od ostili alla vita. Vede il suo sorgere inevitabile non appena le condizioni lo consentono. Attraversa i suoi diversi tentativi di conservarsi, evolversi e spingersi verso l'intelligenza e la tecnica. Assiste ad un intelligenza esposta ai rischi più grandi, quelli da essa stessa creati, che la respingono nell'oscurità dell'estinzione. Conclude il suo cammino a fianco di un pugno di sopravvissuti, esseri superiori, veri cittadini della galassia liberi di muoversi tra le stelle.

Un racconto di possibilità, tentativi, sconfitte e riscatti, sulla scala non dell'uomo, ma delle civiltà galattiche.

Riconoscimenti

Ringraziamo il Prof. **Stephen Webb** per l'ispirazione data su molti degli argomenti trattati e per l'incoraggiamento che ci ha fornito per completare questo lavoro. Vogliamo anche ringraziare la dott.ssa **Manuela Miggiano** per i suoi utili suggerimenti sugli acidi nucleici. Infine, facciamo un doveroso tributo al filosofo **Hans Jonas** che, con il suo libro "Lo gnosticismo", ci ha dato lo spunto che cercavamo nella nostra Introduzione.

Sommario

Contributi degli autori

Dr. Eugenio Mieli Pomezia, Italy

E. Mieli ha formulato i modelli matematici utilizzati in tutti i parametri di Drake e ha sviluppato l'analisi relativa ai parametri astronomici (1°, 2° e 3°) e a quelli sociali (6° e 7°).

Dr. Andrea Maria Francesco Valli Société Scientifique du Bourbonnais pour l'étude et la protection de la nature, Moulins-sur-Allier, France

A. M. F. Valli si è preso cura di tutta la parte chimica, biologica e paleontologica relativa al 4° e al 5° parametro di Drake.

Dr. Claudio Maccone Roma, Istituto Nazionale di Astrofisica, Roma, Italy

C. Maccone, con le sue opere principali Mathematical SETI e EVO-SETI, ha indicato il metodo che è stato seguito nell'intero lavoro. Ne ha supervisionato la stesura e ha suggerito preziosi cambiamenti.

Crediti delle figure

Fig. 1.1 – International Journal of Astrobiology, 14/06/2023 - Mieli, Valli, Maccone

Fig. 1.2 – International Journal of Astrobiology, 14/06/2023 - Mieli, Valli, Maccone

Fig. 2.1 a/b – International Journal of Astrobiology, 14/06/2023 - Mieli, Valli, Maccone

Fig. I.1 International Journal of Astrobiology, 06/14/2023 - Mieli, Valli, Maccone

Fig. 3.1 – Richard Powell
  https://commons.wikimedia.org/wiki/File:HRDiagram_in_italian.gif

Fig. 4.1 – NASA copyright policy states that "NASA material is not protected by copyright unless noted". (See Template:PD-USGov, NASA copyright policy page or JPL Image Use Policy). This file is in the public domain in the United States

Fig. 5.1 – Figure made or composed by the authors

Fig. 5.2 – Images made with artificial intelligence DELL-E 3

Fig. 5.3 – European Southern Observatory (ESO)
  https://www.eso.org/public/images/eso0828a/

Fig. 5.4 – Images made with artificial intelligence DELL-E 3

Fig. 5.5 – NASA, ESA and A. Schaller (for STScI)
  https://commons.wikimedia.org/wiki/File:Artist%27s_impression_of_an_ultra-short-period_planet.jpg#filelinks

Fig. 5.6 – NASA's Goddard Space Flight Center Conceptual Image Lab
  https://svs.gsfc.nasa.gov/20218#section_credits

Fig. 5.7 – Figure made or composed by the authors

Fig. 5.8 – Kevin Saff. The image is in the public domain

Fig. 5.9 – ESA/NASA/SOHO/LASCO/EIT
  https://www.esa.int/Science_Exploration/Space_Science/SOHO_overview2

Fig. 5.9 – International Journal of Astrobiology, 14/06/2023 - Mieli, Valli, Maccone

Fig. 6.1 a/b – International Journal of Astrobiology, 14/06/2023 - Mieli, Valli, Maccone

Fig. II.1 – Figure made or composed by the authors

Fig. 9.1 – International Journal of Astrobiology, 14/06/2023 - Mieli, Valli, Maccone

Fig. 10.1 – Images made with artificial intelligence DELL-E 3

Fig. 10.2 – International Journal of Astrobiology, 14/06/2023 - Mieli, Valli, Maccone

Fig. 10.3 – Ram Krishnamurthy – Center for Chemical Evolution – Scripps Research Institute
https://www.scripps.edu/krishnamurthy/The%20Prebiotic%20 Depsipeptide%20Story.html

Fig. 10.4 – International Journal of Astrobiology, 14/06/2023 - Mieli, Valli, Maccone

Fig. 10.5 – CNX OpenStax
https://cnx.org/contents/5CvTdmJL@4.4

Fig. 10.6 – Images made with artificial intelligence DELL-E 3

Fig. 10.7 – Images made with artificial intelligence DELL-E 3

Fig. 10.8 – International Journal of Astrobiology, 14/06/2023 - Mieli, Valli, Maccone

Fig. 10.9 – Fvasconcellos 00:25, 19 April 2007 (UTC). The image is in the public domain
https://it.m.wikipedia.org/wiki/File:Adenosine_diphosphate_ribose_3D.png

Fig. 10.10 – International Journal of Astrobiology, 14/06/2023 - Mieli, Valli, Maccone

Fig. 10.11 – Blausen.com staff (2014). "Medical gallery of Blausen Medical 2014". WikiJournal of Medicine 1 (2). DOI:10.15347/wjm/2014.010. ISSN 2002-4436. The image is in the public domain

Fig. 10.12 – Images made with artificial intelligence DELL-E 3

Fig. 10.13 – Images made with artificial intelligence DELL-E 3

Fig. 10.14 – Nastech
https://pubsapp.acs.org/cen/coverstory/84/8446cover.html

Fig. 10.15 – International Journal of Astrobiology, 14/06/2023 - Mieli, Valli, Maccone

Fig. 10.16 – International Journal of Astrobiology, 14/06/2023 - Mieli, Valli, Maccone

Fig. 10.17 – International Journal of Astrobiology, 14/06/2023 - Mieli, Valli, Maccone

Fig. 11.1 – Chiswick Chap
https://creativecommons.org/licenses/by-sa/4.0/deed.en

Fig. 13.1 a – fonte immagine
http://cnx.org/contents/GFy_h8cu@10.53:rZudN6XP@2/Introduction
https://commons.wikimedia.org/wiki/File:Figure_04_02_01.jpg

Fig. 13.1 b – Giac83
https://commons.wikimedia.org/wiki/File:Struttura_della_cellula_animale.svg

Fig. 13.2 – International Journal of Astrobiology, 14/06/2023 - Mieli, Valli, Maccone

Fig. 13.3 – Images made with artificial intelligence DELL-E 3

Fig. 13.4 – Images made with artificial intelligence DELL-E 3

Fig. 13.5 – Christa Schleper/ Nature journal

Fig. 13.6 – International Journal of Astrobiology, 14/06/2023 - Mieli, Valli, Maccone

Fig. 13.7 – Centers for Disease Control and Prevention, part of the United States Department of Health and Human Services. The image is in the public domain.

Fig. 13.8 – International Journal of Astrobiology, 14/06/2023 - Mieli, Valli, Maccone

Fig. 13.9 – Mariana Ruiz
    https://commons.wikimedia.org/wiki/File:Cell_membrane_detailed_ diagram_3.svg

Fig. 13.10 – International Journal of Astrobiology, 14/06/2023 - Mieli, Valli, Maccone

Fig. 13.11 – International Journal of Astrobiology, 14/06/2023 - Mieli, Valli, Maccone

Fig. 14.1 – Jill Gregory / MOUNT SINAI HEALTH SYSTEM, licensed under CC-BY-ND

Fig. 14.2 – International Journal of Astrobiology, 14/06/2023 - Mieli, Valli, Maccone

Fig. 14.3 – International Journal of Astrobiology, 14/06/2023 - Mieli, Valli, Maccone

Fig. 14.4 – Officer or employee of the United States Government as part of that person's official duties under the terms of Title 17, Chapter 1, Section 105 of the US Code. This work is in the public domain in the United States

Fig. 14.5 – International Journal of Astrobiology, 14/06/2023 - Mieli, Valli, Maccone

Fig. 15.1 – Ryan Somma
    https://commons.wikimedia.org/wiki/File:Life_in_the_Ediacaran_sea.jpg

Fig. 15.2 – Eric Cheng/STANFOD UNIVERSITY

Fig. 15.3 – Junnn11
    https://commons.wikimedia.org/wiki/File:20191020_Yohoia_tenuis.png

Fig. 15.4 – Figure made or composed by the authors

Fig. 15.5 – International Journal of Astrobiology, 14/06/2023 - Mieli, Valli, Maccone

Fig. 15.6 – Misaki Ouchida/Gregory P. Wilson Mantilla /University of Washington
    https://www.sci.news/paleontology/filikomys-primaevus-09014.html

Fig. 15.7 – Figure made or composed by the authors

Fig. 15.8 – sculture di Ron Seguin
    http://www.idinosauri.it/curiosita3.html

Fig. 15.9 – Images made with artificial intelligence DELL-E 3

Fig. 15.10 – International Journal of Astrobiology, 14/06/2023 - Mieli, Valli, Maccone

Fig. 15.11 – Images made with artificial intelligence DELL-E 3

Fig. 15.12 – International Journal of Astrobiology, 14/06/2023 - Mieli, Valli, Maccone

Fig. 16.1 – International Journal of Astrobiology, 14/06/2023 - Mieli, Valli, Maccone

Fig. 18.1 – International Journal of Astrobiology, 14/06/2023 - Mieli, Valli, Maccone

Fig. 18.2 – International Journal of Astrobiology, 14/06/2023 - Mieli, Valli, Maccone

Fig. III.1 – Images made with artificial intelligence DELL-E 3

Fig. 20.1 – International Journal of Astrobiology, 14/06/2023 - Mieli, Valli, Maccone

Fig. 20.2 a/b – International Journal of Astrobiology, 14/06/2023 - Mieli, Valli, Maccone

Fig. 20.3 – Images made with artificial intelligence DELL-E 3

Fig. 20.4 – Images made with artificial intelligence DELL-E 3

Fig. 20.5 – Images made with artificial intelligence DELL-E 3
Fig. 20.6 – Images made with artificial intelligence DELL-E 3
Fig. 20.7 – Images of the original paper
Fig. 20.8 – Images of the original articles
   https://www.dailygrail.com/2018/12/the-emperors-new-mind-roger-penrose-talks-to-joe-rogan-about-quantum-consciousness/
Fig. 20.9 – Wgsimon
   https://commons.wikimedia.org/wiki/File:Transistor_Count_and_Moore%27s_Law_-_2011.svg
Fig. 20.10 – Images made with artificial intelligence DELL-E 3
Fig. 20.11 a/b – International Journal of Astrobiology, 14/06/2023 - Mieli, Valli, Maccone
Fig. 20.12 a/b – International Journal of Astrobiology, 14/06/2023 - Mieli, Valli, Maccone
Fig. IV.1 a/b – International Journal of Astrobiology, 14/06/2023 - Mieli, Valli, Maccone
Fig. V.1 – Images made with artificial intelligence DELL-E 3
Fig. 24.1 – Figure made or composed by the authors
Fig. 24.2 – Figure made or composed by the authors
Fig. 24.3 – Images made with artificial intelligence DELL-E 3
Fig. 24.4 – Images made with artificial intelligence DELL-E 3
Fig. 25.1 – Images made with artificial intelligence DELL-E 3
Fig. 25.2 – Images made with artificial intelligence DELL-E 3
Fig. 25.3 – Jose Garcia e Renaud Joannes-Boyau/Southern Cross University

1

Dove sono tutti quanti?

Nel 1950, durante una conversazione all'ora di pranzo in cui si discuteva di extraterrestri, il fisico Enrico Fermi si rivolse ai suoi colleghi, Edward Teller, Emil Konopinski e Herbert York, e chiese "Dove sono finiti tutti?". I suoi colleghi erano abituati al fatto che Fermi era solito calcolare a mente soluzioni di situazioni molto complesse a partire da quelli che sembravano dei dati insufficienti; ed, in quel caso, aveva stimato a mente il numero N di civiltà contemporanee che avrebbero dovuto popolare la nostra galassia ottenendo un valore sicuramente alto, nonostante la mancanza di prove della loro esistenza (il grande silenzio).

Questo è il paradosso di Fermi. La sua domanda rimase per dieci anni senza risposta.

Nel 1960 la prima ricerca **SETI** (acronimo di **S**earch for **E**xtra-**T**errestrial **I**ntelligence, Ricerca di Intelligenza Extraterrestre) fu condotta da Frank Drake che, poco dopo, elencò i numeri che avremmo dovuto conoscere per stimare il numero N delle società comunicanti nella galassia [21]; in realtà questo doveva essere semplicemente l'ordine del giorno di una riunione presso l'osservatorio di Green Bank, W. Virginia. Tuttavia la sua lista fu vista come un'autentica equazione, un prodotto di sette fattori che potevano essere utilizzati per calcolare N. Ovvero:

$$N = R^* \cdot f_p \cdot n_n \cdot f_l \cdot f_i \cdot f_c \cdot L$$

R^*	tasso annuale di formazione di stelle nella Via Lattea
f_p	frazione di stelle con pianeti
n_e	numero di pianeti adatti alla vita per stella
f_l	frazione di pianeti adatti dove la vita si sviluppa
f_i	frazione di pianeti abitati da vita intelligente
f_c	frazione di pianeti dove la vita intelligente decide di comunicare
L	tempo di vita del pianeta in cui la vita intelligente persiste

© The Author(s), under exclusive license to Springer Nature Switzerland AG 2025
E. Mieli, A. M. F. Valli, C. Maccone, *La galassia vivente*,
https://doi.org/10.1007/978-3-031-65654-5_1

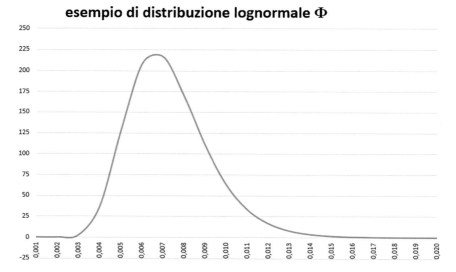

esempio di distribuzione lognormale Φ

Fig. 1.1 Esempio di distribuzione lognormale Φ: la distribuzione esiste per x > 0 ed è normalizzata con valor medio, nell'esempio riportato, intorno a 0,007 e scostamento intorno a 0,002. (IJA 14/06/2023 Mieli, Valli, Maccone)

$$X_0 = \prod_j X_j$$

$$\Phi(X_0) = \frac{1}{X_0} \cdot \frac{1}{\sqrt{2\pi}\sigma} e^{-\frac{(\ln(X_0)-\mu)^2}{2\sigma^2}}$$

$$< X_0 >= e^\mu e^{\frac{\sigma^2}{2}}$$

$$\sigma_{(X_0)} =< X_0 > \left(e^{\sigma^2} - 1\right)^{\frac{1}{2}}$$

$$\mu = \sum_j \frac{B_j\left(lnB_j - 1\right) - A_j\left(lnA_j - 1\right)}{B_j - A_j}$$

$$\sigma^2 = \sum_j (1 - \frac{A_j B_j(lnB_j - lnA_j)^2}{(B_j - A_j)^2})$$

Fig. 1.2 Caso generale di applicazione della lognormale Φ al gruppo di variabili aleatorie UNIFORMI X_j comprese tra i valori minimo e massimo A_j e B_j. Ne consegue la distribuzione della variabile prodotto X_0 con media $<X_0>$ e varianza $\sigma(X_0)$. (IJA 14/06/2023 Mieli, Valli, Maccone)

Drake aveva probabilmente messo per iscritto quello che Fermi aveva semplicemente pensato dieci anni prima. Ci si accorse ben presto, però, che questa prima descrizione era insufficiente ad arrivare a delle conclusioni concrete dato che i sette fattori, spesso, oscillano tra valori minimi e massimi molto lontani e in certi casi sono del tutto sconosciuti. Ci riferiamo soprattutto ai fattori dal quarto in poi, dove le conoscenze astronomiche non sono più d'aiuto [114].

Claudio Maccone nel 2008, quando presiedeva il Comitato Permanente SETI dell'Accademia Internazionale di Astronautica con sede a Parigi, ideò un potente strumento matematico, denominato equazione statistica di Drake, che, a partire dalla distribuzione statistica dei sette singoli fattori, ottiene la distribuzione statistica del loro prodotto secondo una curva detta *lognormale*, ovvero la curva di distribuzione di una variabile casuale il cui logaritmo si distribuisce come una normale [65] (Appendice **D**).

Tale risultato non è scontato ed è tanto più vero *quanti più fattori concorrono al calcolo*, ovvero l'errore si riduce all'aumentare di elementi del prodotto (teorema del limite centrale). Un esempio grafico della funzione lognormale **Φ** è riportato nella Fig. 1.1, mentre la sua forma analitica è riportata in Fig. 1.2.

Come spesso fatto anche da altri autori, abbiamo preferito non riferirci all'equazione di Drake classica, ma ad una sua variante più adatta ai nostri scopi.

Ovvero, nel nostro caso:

$$\mathbf{N} = \mathbf{N_s} \cdot \mathbf{n_p} \cdot \mathbf{f_s} \cdot \mathbf{f_l} \cdot \mathbf{f_i} \cdot \mathbf{f_c} \cdot \mathbf{f_L}$$

Con:

$\mathbf{N_s}$	numero di stelle della galassia adatte alla vita (cioè di classe spettrale K, G ed F)
$\mathbf{n_p}$	numero di pianeti per stella nella zona abitabile (di classe spettrale K, G ed F)
$\mathbf{f_s}$	frazione di pianeti stabili nella zona abitabile (funzione della durata $\mathbf{\Delta T}$)
$\mathbf{f_l}$	frazione di pianeti adatti dove la vita effettivamente si sviluppa
$\mathbf{f_i}$	frazione di pianeti abitati da vita intelligente
$\mathbf{f_c}$	frazione di pianeti dove la vita intelligente decide di comunicare
$\mathbf{f_L}$	frazione del tempo di vita del pianeta in cui la vita intelligente persiste rispetto alla durata dell'ultima popolazione stellare (**circa 7 Ga**)

Come si vede, nell'equazione di Drake originale, compare come primo fattore il tasso annuale di formazione stellare nella Via Lattea **R⋆** che è pari a $\mathbf{N_s}/\mathbf{\Delta T_0}$, dove $\mathbf{N_s}$ è il numero di stelle e $\mathbf{\Delta T_0}$ è la durata media dell'ultima popolazione stellare (**7 Ga** ovvero 7 miliardi di anni). Invece, nella nostra equazione il primo fattore perde il denominatore $\mathbf{\Delta T_0}$ che va invece a dividere l'ultimo termine L che diviene $\mathbf{f_L}$ (frazione del tempo di vita del pianeta in cui la vita intelligente persiste rispetto alla durata dell'ultima popolazione stellare). In questo modo, come vedremo, saremo in grado di utilizzare i primi termini dell'equazione di Drake anche per ricavare direttamente informazioni, non solo su civiltà evolute, ma anche sulle forme di vita in genere.

Inoltre, si è fatta la scelta di non delegare tutto lo sforzo di calcolo sul terzo dei primi tre parametri di Drake (nell'equazione originale n_e, ovvero numero di pianeti adatti alla vita), ma di ripartire parzialmente il lavoro anche sui primi due parametri: per questo motivo il primo parametro $\mathbf{N_s}$ è diventato il numero di stelle della galassia *Solo* se appartenenti alla classe spettrale **K**, **G** ed **F** che sono quelle adatte allo sviluppo della vita (la classe spettrale di una stella è assegnata a partire dalla sua temperatura superficiale [61]).

Analogamente il secondo parametro è diventato n_p ovvero il numero di pianeti per stella nella zona abitabile, assorbendo così su di sé anche l'onere di discriminare SOLO i pianeti della c.d. *zona riccioli d'oro*, ovvero la zona ove le condizioni sono appropriate (ricordiamo che il parametro f_p nell'equazione originale rappresentava banalmente la frazione di stelle con pianeti).

Ne risulta, nella nostra equazione, che il terzo parametro f_s, sostituendo n_c ovvero il numero di pianeti adatti alla vita, diviene specificatamente la frazione di pianeti stabili nella zona abitabile, che è anche una funzione della durata ΔT che prendiamo in considerazione a seconda delle fasi di sviluppo della vita considerate. Come appena detto, questo modo di ridefinire l'equazione di Drake ci tornerà utile sia nella stima di ogni singolo parametro che nell'utilizzo dell'intera equazione che potrà essere impiegata, oltre che per contare le civiltà galattiche, anche per stimare il numero dei pianeti sui quali si sviluppa la vita a diversi livelli evolutivi.

In ultimo, Drake riferiva l'insorgenza dell'intelligenza al 5° parametro e la rendeva tecnologica e comunicante nel 6°; noi abbiamo scelto, invece, di definire l'intelligenza secondo un criterio più severo di disponibilità energetica, come vedremo nel dettaglio, sul modello di Kardashev [50]: l'intelligenza è quella tecnologicamente almeno sul nostro livello, con un parametro minimo $K = 0,7$. Questo fattore definisce il perimetro del 5° parametro, mentre il 6° prende in carico unicamente le civiltà che *Decidono* di non comunicare e di restare nell'ombra; il 7°, trattando la durata delle civiltà, assorbe al suo interno anche i casi in cui le suddette civiltà *Siano Indotte O Costrette* a non comunicare più.

Se noi ci limitassimo ad una semplice rivisitazione dell'equazione di Drake, pur con uno strumento statistico nuovo come la lognormale di Maccone, faremmo ben poca strada in più verso la conoscenza delle civiltà extraterrestri. Ma abbiamo anche detto un fatto cruciale: il risultato statistico di un prodotto è tanto più vero *quanti più fattori concorrono al calcolo*. Questo aspetto dell'algoritmo di Maccone ci consente di immergerci completamente nei dettagli di ogni singolo paramentro senza paura di perdere in precisione, ma, al contrario, con la certezza di acquistarne. Facendo ciò, nel resto del libro passeremo dalla stima delle probabilità relative ai sette fattori descritti dell'equazione, ai seguenti **50** fattori. Ovvero:

Parte I – Parametri Astronomici
1 Numero Di Stelle Della Galassia Adatte Alla Vita (di Classe Spettrale F, G, K)
2 Numero Pianeti Adatti Nella Zona Abitabile Per Stella
   (di Classe Spettrale F, G, K)

3 Frazione Pianeti Stabili

- sistemi stellari multipli
- supernove a meno di 40 al (anni luce)
- lampi gamma a meno di 5000 al (anni luce)
- super brillamenti della propria stella
- transito dei giganti gassosi su orbite interne
- bombardamento meteoritico prolungato
- instabilità dell'asse di rotazione
- assenza del ciclo del carbonio
- assenza del campo magnetico planetario

Parte II – Parametri Biologici

4 Frazione Di Pianeti Dove Nasce La Vita

- la sintesi abiologica delle molecole biologiche
- la concentrazione del brodo primordiale
- la formazione delle sacche lipidiche
- l'inclusione nelle membrane lipidiche della clorofilla
- la "fotopompa per protoni"
- la formazione dei filamenti di acido nucleico
- il ruolo catalitico dell'RNA
- determinazione dei ruoli
- formazione della membrana cellulare
- emergenza del codice genetico

5A Frazione Di Pianeti Dove Nascono Eucarioti

- l'evoluzione di un batterio aerobio
- l'incontro ospite-simbionte
- la formazione dei pori e la fuoriuscita delle estensioni citoplasmatiche
- l'"avvolgimento" dei simbionti e la sparizione della parete cellulare dell'ospite
- la "penetrazione dei simbionti nel citoplasma"
- la migrazione del DNA dal genoma del simbionte a quello dell'ospite
- l'acquisizione della membrana citoplasmatica eucariotica
- l'inglobamento in un solo rivestimento e la fagocitosi

5B Frazione Di Pianeti Dove Nascono Animali (Metazoi)

- l'acquisizione di un ciclo di vita complesso
- l'aggregazione delle zoospore e la formazione dello synzoospore
- la colonia sedentaria composta da cellule differenziate
- la produzione del collagene

5C Frazione Di Pianeti Dove Nascono Civiltà Tecnologiche (CET)
  – aumento dimensioni metazoi (sistema nervoso e vascolare)
  – sviluppo degli arti
  – conquista della terraferma
  – differenziazione degli animali terrestri
  – acquisizione della socialità
  – stazione eretta e manualità
  – cambio dieta e crescita encefalo
  – organizzazione dell'encefalo sul pensiero astratto
  – nascita del linguaggio articolato e della tecnica

Parte III – Parametri Sociali
6 Frazione Di Pianeti Dove La Vita Decide Di Comunicare

7 Frazione Di Durata Della CET
  – autodistruzione dovuta ad insufficienza evolutiva
  – errore tecnologico involontario
  – insufficienza tecnologica ad affrontare mutamenti planetari
  – involuzione spontanea
  – transizione genetica artificiale finita su un binario morto
  – transizione dell'intelligenza artificiale finita su un binario morto
  – raggiungimento punto Ω

Il risultato di questa descrizione è il racconto della vita diviso in **50** passi: le *prove* che la vita deve superare per imporsi ai vari livelli di sviluppo.

2

Le fasi e le sfide

I **50** passi descritti, come vedremo, hanno caratteristiche statistiche diverse che vedremo di volta in volta. La caratteristica che però sta a monte di tutte le altre è la distinzione tra un passo definito *fase* e un passo definito *sfida*. Per avere un'idea immediata della differenza tra i due facciamo la seguente analogia: supponiamo di avere un percorso con diverse difficoltà; ad esempio **A)** un labirinto da cui uscire (con probabilità p_A) e **B)** un ponte tibetano da superare (con probabilità p_B) (Fig. 2.1a, b).

Entrambe queste difficoltà hanno associata una probabilità di superamento p_A e p_B; apparentemente la natura statistica di questi due passi del percorso è la medesima, ma è veramente così? No, infatti, *rispetto al tempo*, i due passi si comportano in maniera opposta, ovvero la probabilità p_A di uscire dal labirinto aumenta col tempo di permanenza nel labirinto stesso (perché col tempo ne comprendiamo l'intreccio), mentre la probabilità p_B di superare il ponte tibetano diminuisce col tempo di permanenza sul ponte (perché i rischi aumentano col permanere della situazione di pericolo): la prima, prendendo a prestito il linguaggio della relatività, è *Covariante Col Tempo* e definiremo il passo corrispondente *fase*, mentre la seconda è *Controvariante Col Tempo* e definiremo il passo corrispondente *sfida*.

Se p_A e p_B non hanno una dipendenza esplicita rispetto al tempo (questo per noi sarà vero solo in prima approssimazione), allora le rispettive leggi di trasformazione, passando da un intervallo di tempo di riferimento ΔT_0 (con probabilità p_{A0} e p_{B0}) a uno qualsiasi $\Delta T = n \cdot \Delta T_0$ (con probabilità p_A e p_B), saranno le seguenti:

| A | *fase* $p_A = 1 - (1 - p_{A0})^n$ | crescente con **n** |
| B | *sfida* $p_B = (p_{B0})^n$ | decrescente con **n** |

E. Mieli, A. M. F. Valli, C. Maccone, *La galassia vivente*,
https://doi.org/10.1007/978-3-031-65654-5_2

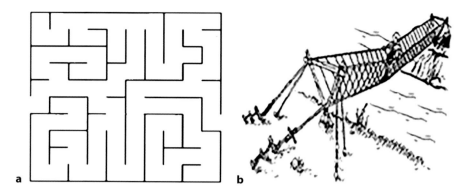

Fig. 2.1 **a** Un labirinto da cui uscire (con probabilità p_A); **b** un ponte tibetano da superare (con probabilità p_B). (IJA 14/06/2023 Mieli, Valli, Maccone)

È facile vedere che, al crescere di **n**, $\mathbf{p_A}$ tende a **1**, mentre $\mathbf{p_B}$ tende a **0**; in entrambi i casi in modo esponenziale rispetto a **n**.

Se $\mathbf{p_A}$ e $\mathbf{p_B}$ hanno una dipendenza esplicita rispetto al tempo, allora il loro andamento non è più semplicemente esponenziale, anche se mantengono la loro natura di fasi o sfide.

Parte I

I Parametri Astronomici N_s, n_p e f_s

Almeno in astratto, l'approccio matematico dei primi tre parametri è meno ostico che per quelli biologici, il 4° e il 5°, perché gli eventi astronomici a cui ci riferiremo ora sono in larga misura indipendenti l'uno dall'altro senza una particolare sequenza da rispettare; la stessa cosa non sarà vera per il 4°, 5° ma neanche per il 7° parametro che tratta la frazione di durata delle CET rispetto a 7 **Ga**.

Descriviamo ora sinteticamente i dettagli matematici relativi all'equazione di Drake e al metodo di Maccone; ovvero:

a) tratteremo i primi due parametri di Drake, N_s e n_p, senza scomporli in ulteriori fattori, ma recependo direttamente quanto oggi sta emergendo prepotentemente dalla grande massa di dati sperimentali a nostra disposizione;

b) divideremo, invece, il processo del terzo parametro, f_s, in **9** fattori rappresentanti altrettante sfide da superare, riferite tutte all'unico intervallo temporale $\Delta T_0 = 7$ **Ga** (miliardi di anni) che è la durata dell'ultima popolazione stellare;

c) fisseremo, quindi, per ogni singola sfida i dati in ingresso; ovvero le frequenze (frazioni di superamento della sfida) minime e massime a_j, b_j della variabile casuale x_j;

d) utilizzando la formula della lognormale di Maccone [65] $\Phi(x_0)$, otterremo, da queste frequenze singole, la $\langle x_0 \rangle$, frequenza media di sopravvivenza planetaria complessiva e la $\sigma_{(x0)}$, deviazione standard dalla media complessiva, dell'intero processo nel periodo ΔT_0;

e) dalla frequenza media calcoleremo il valore minimo e il valore massimo della variabile $\langle x_0 \rangle$ con la formula derivante dalla lognormale (APPENDICE **D**):

$$\langle x_0 \rangle_{min} = \langle x_0 \rangle - \sqrt{3} \cdot \sigma(x_0)$$

$$\langle x_0 \rangle_{max} = \langle x_0 \rangle + \sqrt{3} \cdot \sigma(x_0)$$

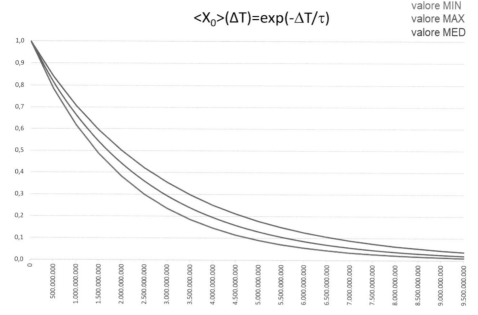

Fig. I.1 Andamento atteso dal calcolo di $<x_0>_{min/max}$ in funzione di ΔT con $\tau_{med} \sim 2,5$ Ga. (IJA 14/06/2023 Mieli, Valli, Maccone)

f) estenderemo la $<x_0>_{min}$ e la $<x_0>_{max}$, dal periodo ΔT_0 di **7 Ga** fissato al periodo qualsiasi ΔT (legge di trasformazione della *sfida*), ottenendo in tal modo le frequenze di sopravvivenza finali $<x_{0>min/max}(\Delta T)$ dei pianeti stabili in funzione del tempo ΔT. Per fare questo poniamo:

$$\begin{cases} m = \frac{\Delta T}{\Delta T_0} \\ <X_0>_{min}(\Delta T) = (<x_0>_{min}(\Delta T_0))^m \\ <X_0>_{max}(\Delta T) = (<x_0>_{max}(\Delta T_0))^m \end{cases}$$

In questo modo i nuovi valori $<X_0>_{min/max}(\Delta T)$ saranno riferiti al nuovo tempo ΔT che è **m** volte il tempo ΔT_0. Osserviamo che le espressioni sopra riportate possono scriversi nella forma esponenziale più familiare:

$$\begin{cases} \tau_{(min/max)} \equiv \dfrac{\Delta T_0}{\ln \frac{1}{<x_0>_{min/max}}} \\ <X_0>_{min}(\Delta T) = \exp\left(-\frac{\Delta T}{\tau_{min}}\right) \\ <X_0>_{max}(\Delta T) = \exp\left(-\frac{\Delta T}{\tau_{max}}\right) \end{cases}$$

La **Fig. I.1** riportata rappresenta l'andamento che ci aspettiamo dal calcolo di $<X_0>_{min/max}$ in funzione di ΔT (è stato preso, a titolo di esempio, $t_{med} \sim 2{,}5$ **Ga**). Come si vede i tre valori $<X_0>_{min}$, $<X_0>_{max}$ e $<X_0>_{med}$ hanno un andamento esponenzialmente decrescente in funzione della durata di riferimento ΔT. Questo risultato ci sarà utile in seguito per determinare il numero di pianeti adatti ai diversi livelli di sviluppo della vita.

3

1° Drake: la numerosità stellare del disco galattico per stelle di classe spettrale K, G ed F

Cominciamo col 1° parametro di Drake, ovvero la numerosità stellare della galassia, incaricando però il primo parametro anche dell'onere di considerare solo le stelle oggi reputate adatte allo sviluppo della vita, ovvero quelle di classe spettrale **K**, **G** ed **F** del disco galattico ([26]; Fig. 3.1).

Il motivo di tale scelta, oltre al fatto di bilanciare lo sforzo di calcolo tra i parametri, come anticipato nell'introduzione, ha anche un vantaggio matematico: se, ad esempio, ora considerassimo tutte le stelle in sequenza principale della Via Lattea, dovremmo dire che sono circa tra $2 \cdot 10^{11}$ e $4 \cdot 10^{11}$, ovvero, mediamente, $3 \cdot 10^{11}$ con uno scostamento molto grande di 10^{11}; quindi, anche se la sottostima/sovrastima del valor medio sarebbe poi riassorbita dal secondo parametro, non lo sarebbe lo scostamento dal valor medio che risulterebbe inutilmente grande andando ad incidere nel calcolo finale dell'equazione di Drake.

Dobbiamo dire che l'esclusione della numerosissima classe spettrale **M** (nane rosse con masse comprese fra **0,08** e **0,45 M$_\odot$**, masse solari) da questo computo, dipende dall'attuale convinzione che tali sistemi solari siano altamente instabili dal punto di vista dell'attività nucleare della stella; quest'ultima, infatti, a causa della sua lenta evoluzione stellare dovuta alla piccola massa, presenta frequenti e letali brillamenti (espulsione di materiale stellare in prossimità della stella) per tutta la prima parte della vita dei pianeti [16]. I pianeti, a loro volta, per queste stelle hanno delle rotazioni sincrone (rivolgono sempre la stessa faccia alla stella) a causa delle forti forze di marea della zona abitabile. Questi due fattori, soprattutto il primo, fa ritenere questa tipologia di stella inadatta ad ospitare la vita a lungo, nonostante le recenti scoperte di meravigliosi sistemi planetari, apparentemente abitabili, attorno a tali astri.

© The Author(s), under exclusive license to Springer Nature Switzerland AG 2025
E. Mieli, A. M. F. Valli, C. Maccone, *La galassia vivente*,
https://doi.org/10.1007/978-3-031-65654-5_3

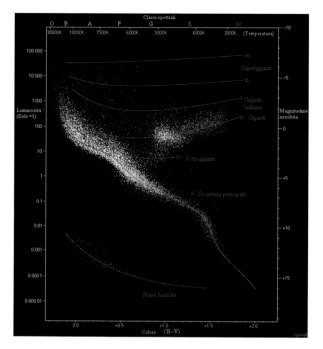

Fig. 3.1   Diagramma di Hertzsprung-Russell. (Richard Powell)

Stesso ragionamento è stato applicato al centro galattico (*bulge*), considerato troppo affollato e soggetto, pertanto, a frequenti fenomeni violenti, come supernove o lampi gamma, letali per lo sviluppo della vita [69].

Da quello che è stato appena detto, consideriamo i dati della Tab. 3.1, che riporta tutte le tipologie stellari divise per zone della galassia. È chiaro che a noi interessano solamente le stelle della classe **F**, **G** e **K** appartenenti al disco galattico: la somma di questi tre insiemi è pari a **1,10 · 10^{10}** stelle; a questo valore, nonostante la presenza di tre cifre significative nella mantissa, assegniamo al 1° parametro di Drake un'incertezza prudenziale del ± **10%** in più o in meno, ovvero:

Drake 1

$N_{s\ min}$	$N_{s\ max}$
1,0 · 10^{10}	**1,2 · 10^{10}**

Tab. 3.1 Numerosità stellare della Via Lattea divisa per localizzazione e tipologia spettrale. (IJA 14/06/2023 Mieli, Valli, Maccone)

Classe spettrale	Massa (M☉)	% Stelle disco	Stelle nucleo $2,40 \cdot 10^{10}$ M☉	Stelle disco $3,79 \cdot 10^{10}$ M☉	Stelle alone $2,40 \cdot 10^{8}$ M☉	Stelle seq. pri. $6,43 \cdot 10^{10}$ M☉
O	≥ 16	10^{-5}	$8,57 \cdot 10^{1}$	$1,35 \cdot 10^{2}$	(*)	$2,21 \cdot 10^{2}$
B	2,1–16	0,13	$2,99 \cdot 10^{6}$	$4,71 \cdot 10^{6}$		$7,70 \cdot 10^{6}$
A	1,4–2,1	0,60	$6,40 \cdot 10^{7}$	$1,01 \cdot 10^{8}$		$1,65 \cdot 10^{8}$
F	1,04–1,4	3,00	$5,43 \cdot 10^{8}$	$8,58 \cdot 10^{8}$		$14,00 \cdot 10^{9}$
G	0,8–1,04	7,60	$1,97 \cdot 10^{9}$	$3,11 \cdot 10^{9}$		$5,09 \cdot 10^{9}$
K	0,45–0,8	12,10	$4,47 \cdot 10^{9}$	$7,06 \cdot 10^{9}$	$1,71 \cdot 10^{9}$	$1,32 \cdot 10^{10}$
M	0,08–0,45	76,45	$6,44 \cdot 10^{10}$	$1,02 \cdot 10^{11}$	$2,27 \cdot 10^{9}$	$1,68 \cdot 10^{11}$
Totale delle stelle previste nella Via Lattea			$\mathbf{7,14 \cdot 10^{10}}$	$\mathbf{1,13 \cdot 10^{11}}$	$\mathbf{3,97 \cdot 10^{9}}$	$\mathbf{1,88 \cdot 10^{11}}$

(*) La produzione di nuove stelle di queste classi spettrali nell'alone cessò **10 miliardi** di anni fa e solo piccole stelle di Popolazione II sono ancora nella sequenza principale. Le altre si sono estinte

4

2° Drake: numero pianeti per stella, adatti alla vita nella zona abitabile (classe spettrale F, G e K)

Anche il 2° parametro verrà stimato utilizzando direttamente quello che troviamo in letteratura. In questo caso il lavoro di Michelle Kunimoto e Jaymie M. Matthews del 2020, che si basa su un catalogo indipendente dei pianeti extrasolari compilato su circa **200000** stelle, fornisce direttamente il risultato che ci serve ([56]; Fig. 4.1).

Per i pianeti con dimensioni **0,75–1,5 $R_\oplus$** (raggi terrestri) in una zona abitabile definita in modo conservativo (**0,99–1,70 UA,** unità astronomiche) attorno a stelle di tipo **G**, Kunimoto definisce un valore medio di **0,18** pianeti per stella con un'incertezza del **10%**. Ovvero:

Drake 2

$n_{p\ min}$	$n_{p\ max}$
0,16	0,20

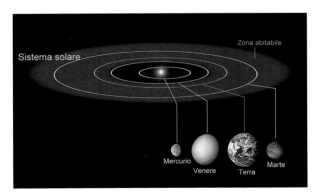

Fig. 4.1 In verde la zoba di abitabilità o "Riccioli d'Oro". ("Goldilocks")

© The Author(s), under exclusive license to Springer Nature Switzerland AG 2025
E. Mieli, A. M. F. Valli, C. Maccone, *La galassia vivente*,
https://doi.org/10.1007/978-3-031-65654-5_4

5

3° Drake: frazione di pianeti stabili per 7 Ga (durata della popolazione stellare)

Col terzo parametro entriamo finalmente nel calcolo tramite la divisione del processo in più sfide (in questo caso **9**) alle quali il pianeta sopravvive con una certa probabilità minima e massima per ciascuna. L'utilizzo della formula di Maccone [66] raccoglie tutti i dati in ingresso e fornisce i valori minimo e massimo del 3° parametro di Drake complessivo.

Le nove sfide, che rappresentano i pericoli astronomici ai quali il pianeta è sottoposto, sono le seguenti:

1 sistemi stellari multipli
2 supernove a meno di 40 al
3 lampi gamma a meno di 5000 al
4 super-brillamenti della propria stella
5 transito dei giganti gassosi su orbite interne
6 bombardamento meteoritico prolungato
7 instabilità dell'asse di rotazione
8 assenza del ciclo del carbonio
9 Assenza del campo magnetico

Sfida 1: sistemi stellari multipli

Fino a pochi anni fa la possibilità di esistenza di pianeti intorno a sistemi stellari multipli veniva considerata residuale. Oggi abbiamo qualche riscontro concreto, il più famoso dei quali è l'esopianeta (un pianeta, cioè non appartenente al sistema solare) *Proxima Centauri b* che è anche l'esopianeta più prossimo a noi. Proxima Centauri, assieme ad Alpha Centauri A e B è addirittura un sistema triplo: Alpha Centauri A e B ruotano intorno al comune centro di massa a distanza

E. Mieli, A. M. F. Valli, C. Maccone, *La galassia vivente*,
https://doi.org/10.1007/978-3-031-65654-5_5

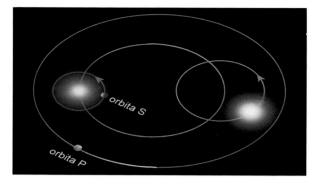

Fig. 5.1   Sistemi planetari di tipo **P** e **S**

ravvicinata, mentre Proxima Centauri (nana rossa di classe spettrale M5Ve che, in questa sede, prenderemo solo a titolo di esempio) ruota attorno alla coppia precedente a distanza molto maggiore. Il sistema planetario *Proxima Centauri b* è definito **sistema planetario di tipo S**, che significa che i pianeti orbitano attorno ad una stella praticamente isolata perché molto lontana dalla compagna (in questo caso dalla coppia di compagne). Sistemi di questo tipo sono abbastanza comuni e non precludono la formazione di forme viventi avendo ogni sistema **S** una propria zona di abitabilità scarsamente influenzata dalla stella orbitante a grande distanza.

Al contrario, il caso opposto è quello dei **sistemi planetari di tipo P**, detti *circumbinari*, che sono composti da una coppia di stelle ruotanti a breve distanza ed un sistema planetario che ruota a grande distanza attorno alla coppia (come il pianeta immaginario Tatooine in Guerre Stellari episodio IV del 1976); tali sistemi hanno una zona di abitabilità dinamica ovoidale, che segue il moto della coppia di stelle e che difficilmente si adatta alle orbite dei pianeti. Pertanto, ci sentiamo di escludere tali sistemi da quelli che potrebbero ospitare forme viventi ([100]; Fig. 5.1).

In conclusione, dobbiamo escludere il numero di sistemi multipli a breve distanza di rotazione (che potrebbero quindi avere sistemi planetari di tipo **P**) dal numero delle stelle di classe spettrale **F**, **G** e **K**. Come indicato da Charles J. Lada nell'articolo *Stellar Multiplicity and the IMF: Most Stars Are Single*, per stelle con massa simile al Sole lo studio dà una percentuale del **56%** di stelle singole e del **44%** di stelle doppie o multiple; da questo **44%** di stelle multiple dobbiamo stimare quante siano quelle ad orbita non nettamente distaccata che darebbero luogo a sistemi planetari di tipo **P**: diciamo prudentemente tra il **10%** e il **30%**; pertanto la frazione di quelle adatte alla vita, tra le stelle di classe spettrale F, G e K, è tra il **70%** (frequenza minima a_1) e il **90%** (frequenza massima b_1).

Fig. 5.2   Esplosione di una supernova. [Powered by ⊗ OpenAI]

Sfida 1

a_1	b_1
0,7	0,9

Sfida 2: supernove a meno di 40 al (distanza di sicurezza)

Si può arrivare rapidamente al fattore di rischio dovuto alle supernove tramite le seguenti considerazioni:

A da valutazioni indirette, si stimano circa tre esplosioni di supernove al secolo nella Via Lattea

B la Via Lattea, durante l'ultima popolazione stellare di **7 Ga**, ha quindi visto circa **200000000** esplosioni, ovvero una ogni **1000** stelle circa

Ipotizzando allora una distribuzione di queste **1000** stelle su un volume uniforme, la distanza media di una supernova da una stella qualsiasi è circa $1000^{1/3} = 10$ volte la distanza media tra stelle, che nel disco galattico è pari a circa **5 al**. Pertanto, la distanza media di una supernova da un'altra stella è di circa **50 al** (Fig. 5.2).

Ovviamente questo è solo un valore medio dal quale ci si discosta ogni tanto: si stima che ci sia un'esplosione di supernova sotto i **50 al** di distanza dalla Terra ogni **250000000** anni, il che comporta la compromissione di una parte dello strato di ozono con effetti parzialmente letali sulla biosfera [14]. Per questi motivi abbiamo assegnato una probabilità di sfuggire al pericolo dovuto all'esplosione di una supernova in circa il **70%** con uno scostamento del **10%**. Ovvero:

Sfida 2

a_2	b_2
0,6	0,8

Sfida 3: lampi gamma a meno di 5000 al (distanza di sicurezza)

Il fenomeno dei lampi gamma ha una ricca letteratura dedicata ad indagarne cause e potenziali effetti sui pianeti investiti da questi imponenti fenomeni: si stima che emettano in pochi secondi un'energia pari a 10^{44}–10^{45} **J** pari a quella emessa dal sole nella sua intera esistenza ([116]; Fig. 5.3).

Essendo fenomeni estremamente potenti vengono rilevati anche a distanze ai confini dell'universo visibile; tale caratteristica ci facilita il compito in quanto, per questo motivo, senza approfondirne la natura e le modalità di emissione (emissione isotropa o a fasci collimati), possiamo fare una statistica direttamente a partire dalla numerosità sperimentale registrata sulla Terra per tali fenomeni. Ovvero:

A viene rilevato circa un lampo gamma al giorno in direzione della Terra dall'universo osservabile; quindi, nell'arco dell'ultima popolazione stellare di **7 Ga** ci sono stati circa **2,5 · 10^{12}** lampi gamma nella nostra direzione

B le stelle dell'universo osservabile sono circa 10^{23}

C quindi c'è stato un lampo gamma ogni **4 · 10^{10}** stelle nell'arco dell'ultima popolazione stellare

D il volume definito dalla distanza di sicurezza di **5000 al = 5 · 10^3 al,** dal lampo gamma più vicino, è di

$$(5 \cdot 10^3)^3 = 125 \cdot 10^9 \text{al}^3$$

E la densità del disco galattico è, circa, $5^3 = $ **125 al^3 / stella**

F all'interno del volume di sicurezza ci sono pertanto 10^9 stelle

G ciò corrisponde, pertanto, ad un numero medio di lampi gamma, nel volume di sicurezza e nell'arco dell'ultima popolazione stellare, pari a $10^9 / 4 \cdot 10^{10} = $ **2,5 · 10^{-2}**: un valore, quindi, molto basso. È stato, comunque, ipotizzato da Melott nel 2003 che l'estinzione di massa dell'Ordoviciano-Siluriano fosse dovuta proprio ad un lampo gamma.

Fig. 5.3 Lampi gamma formati da due getti altamente collimati in direzioni opposte. (European Southern Observatory)

Come nel caso precedente, ci poniamo in modo cautelativo un po' al disopra di questo margine di rischio, diciamo al $5 \cdot 10^{-2}$ con uno scostamento sempre di $5 \cdot 10^{-2}$ che tiene conto della grande incertezza che si ha su tali fenomeni. Il valore complementare a questo, che indica la probabilità di superare il rischio di lampi gamma, è pertanto:

Sfida 3

a_3	b_3
0,9	1,0

Sfida 4: super-brillamenti della propria stella

Ci spostiamo ora a considerare i pericoli provenienti direttamente dal proprio sistema planetario. La definizione comune di super-brillamento stellare è quella di una violenta eruzione di materia che esplode dalla superficie di una stella, con un'energia equivalente a un milione di volte o più quella caratteristica dei comuni brillamenti solari (Fig. 5.4).

Una delle caratteristiche delle stelle di tipo solare sulle quali sono stati osservati super-brillamenti è quella di avere una rotazione più rapida e un'attività magnetica superiore a quelli del Sole. È stato ipotizzato che tali esplosioni siano prodotte dall'interazione del campo magnetico stellare con quello di un pianeta gioviano (pianeti gassosi giganti) in orbita stretta; tuttavia non si hanno con-

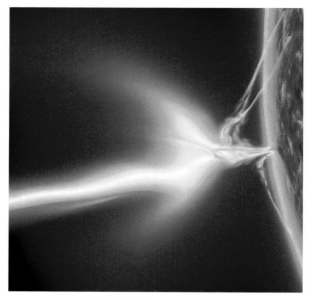

Fig. 5.4   Super brillamento. [Powered by ⑤ OpenAI]

ferme di questa teoria neanche dalla ricerca di eventuali pianeti gioviani caldi appartenenti alle stelle che hanno presentato il fenomeno dei super-brillamenti. In uno studio di Maehara [67] del 2012 sono state analizzate **83000** stelle simili al Sole utilizzando i dati del telescopio spaziale Kepler, riscontrando **365** super-brillamenti provenienti da **148** stelle, della durata media di **12** ore, per **120** giorni. Un valore, a prima vista, statisticamente molto alto. Ma ignoriamo il modo in cui questi fenomeni sono distribuiti sulla totalità delle stelle come il sole durante i **7 Ga** di vita della popolazione di stelle; Sappiamo che in **120** giorni **148** stelle di **83000** avevano un super-brillamento, ma non sappiamo se:

a   sempre le stesse **148** stelle presenteranno super-brillamenti
b   i super-brillamenti sono distribuiti uniformemente su tutte le stelle

Il caso (**a**) è probabilmente più vicino alla verità; vediamo perché.
   Il lavoro di Maehara del 2012 [67] ci dà i seguenti elementi sul numero di super-brillamenti che interessano stelle di tipo solare, ovvero di classe spettrale **G**:

$N = \mathbf{83,000}$ stelle di tipo solare sotto esame
$T = \mathbf{120\ d}$ giorni di osservazione
$n = \mathbf{363}$ super-brillamenti rilevati
$m = \mathbf{148}$ stelle interessate ai super-brillamenti
$t = \mathbf{12\ h}$ durata in ore media dei super-brillamenti

p = ?   probabilità super-brillamenti nel tempo **T**   (*incognita da trovare*)
α = ?   frazione di stelle soggette a super-brillamenti   (*incognita da trovare*)

Abbiamo fatto due ipotesi cruciali per seguire questo ragionamento:

1 la probabilità **p** di super-brillamento è costante e non dipende esplicitamente dal tempo o dal verificarsi o meno di altri superbrillamenti sulla stella in questione
2 le stelle si dividono in due sole categorie **A** e **B**. Quelle che presentano super-brillamenti (**A**: frazione α) e quelle che non presentano il fenomeno (**B**: frazione *1 - α*)

Si avrà:

$$\begin{cases} \alpha \cdot N \cdot p = n \\ \alpha \cdot N \cdot \left(p^2 + p^3 + \ldots \right) = (n - m) \\ p^2 + p^3 + \ldots = \left(\dfrac{p^2}{1 - p} \right) \end{cases}$$

- La prima delle tre equazioni riportate conta il numero di super-brillamenti totali a partire dalla probabilità **p**
- la seconda equazione conta i super-brillamenti doppi, tripli, ecc, sempre a partire dalla probabilità p , sapendo che solo **m = 148** stelle sono state interessate al fenomeno
- la terza equazione è semplicemente la somma della serie delle potenze di **p** a partire dalla seconda

Risolvendo il sistema si ottiene:

$$\begin{cases} p = \dfrac{n - m}{2n - m} \cong 0,37 \\ \alpha = \dfrac{n \cdot (2n - m)}{N \cdot (n - m)} \cong 1,2 \cdot 10^{-2} \end{cases}$$

Dove il valore che ci interessa è **α = 1,2 %** che ci dice che la frazione a delle stelle interessate ai super-brillamenti è molto bassa, nonostante la probabilità **p = 37 %** di verificarsi dei super-brillamenti su quella frazione di stelle sia elevata. Ciò ci porterebbe ad una probabilità di superare questa sfida prossima al **99 %**.

Tuttavia, osserviamo che, anche se le due condizioni **1** e **2** dovessero essere soddisfatte, non potremo dire che solo l'**1,2 %** delle stelle sono a rischio perché il nostro periodo di osservazione **T**, pari a **120** giorni, è praticamente istantaneo rispetto al periodo di generazione stellare (**7 Ga**) e non ci consente di capire se, durante la loro evoluzione, le stelle possano passare dallo stato **A** a quello **B**. Per questo motivo dobbiamo mantenerci prudenti nel valutare la probabilità di superare questa sfida assegnando una probabilità compresa tra **0,5** e **0,7**.

Per questo motivo l'assenza di estinzioni di massa associabili a fenomeni del genere fanno ritenere che non sia avvenuto in passato nessun super-brillamento del Sole. Associamo quindi a questi fenomeni un rischio intermedio ed una conseguente probabilità di sopravvivenza di poco superiore al **50%**:

Sfida 4

a_4	b_4
0,5	0,7

Sfida 5: transito dei giganti gassosi su orbite interne

Fino alla scoperta dei primi esopianeti, i modelli matematici di evoluzione planetaria hanno vissuto una relativa tranquillità potendosi riferire di fatto all'unico esempio conosciuto, ovvero il sistema solare. Questo scenario si presenta ordinato come la sala di un museo, con i pianeti rocciosi e massicci nella fascia interna (ma comunque non troppo vicini al sole) e i giganti gassosi in quella più esterna; esiste persino una zona di transizione tra le due, la fascia degli asteroidi che, esattamente come previsto, non hanno potuto aggregarsi in un pianeta per effetto della grande gravità del vicino Giove (Fig. 5.5).

Poi abbiamo cominciato a ricevere i primi dati sugli esopianeti osservati e abbiamo capito che il nostro sistema solare ordinato è un'eccezione e che invece la gran parte dei sistemi planetari sono totalmente caotici come la stanza di un adolescente: giganti gassosi a distanze ridicole dalla propria stella, **0,05 UA** o anche meno; super-terre gigantesche con decine di masse terrestri posizionate un po' ovunque rispetto alle altre masse planetarie. Insomma, tutto da rifare; o meglio, tutto da correggere tenendo conto dei nuovi dati. Sembra che i sistemi planetari siano intrinsecamente instabili e solo raramente restino nelle loro *posizioni naturali*, se mai esistano, come è avvenuto nel nostro.

In tutta questa situazione, comunque, una cosa è sicura: la presenza di un gigante gassoso nelle vicinanze perturba, con la sua grande massa, se non la formazione di altri pianeti (come nel caso della fascia degli asteroidi) sicuramente la traiettoria di oggetti meteoritici in transito che verrebbero pericolosamente attratti verso orbite interne prossime ad altri pianeti rocciosi nella fascia di abitabilità.

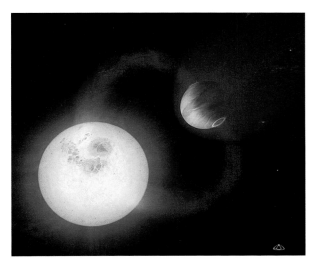

Fig. 5.5 Pianeta gioviano caldo in orbita stretta intorno alla propria stella. (NASA, ESA and A. Schaller [for STScI])

Tramite l'osservazione degli esopianeti possiamo affermare che tale evento non è raro [47]; tuttavia, non dobbiamo cadere nel tranello di considerare le statistiche raccolte dagli esopianeti direttamente rapportabili alla realtà planetaria galattica, visto che alcune tipologie di pianeta, i gioviani caldi appunto, sono quelli più facilmente osservabili sia col metodo dei transiti che con quello delle velocità radiali, che sono quelli maggiormente usati. Per questo motivo daremo al transito dei giganti gassosi su orbite interne una probabilità media del **20%** con scostamento del **10%**; il che, rispetto al valore complementare della probabilità di sopravvivenza della vita su un pianeta nella fascia di abitabilità, si traduce nei seguenti valori:

Sfida 5

a_5	b_5
0,7	0,9

Sfida 6: bombardamento meteoritico prolungato

Non ci sarebbe motivo per pensare che il tipico bombardamento meteoritico che accompagna la formazione dei pianeti rocciosi si debba prolungare di molto oltre le fasi iniziali della vita del pianeta [37], soprattutto se abbiamo già escluso nelle vicinanze la presenza di giganti gassosi che possano attrarre oggetti di varia dimensione dalle fasce esterne degli asteroidi (per il sistema solare, la fascia di Kuiper e la nube di Oort; Fig. 5.6).

Fig. 5.6 Impatto di meteoriti su un pianeta roccioso. (NASA's Goddard Space Flight Center Conceptual Image Lab)

Tuttavia, come abbiamo visto, il sistema solare non è un esempio tipico di sistema planetario, quindi non possiamo escludere che, ad esempio, una disposizione particolare di super-terre nella fascia di abitabilità o nelle sue vicinanze possa determinare fenomeni di risonanza gravitazionale con eventuali fasce di asteroidi. Non abbiamo elementi sperimentali in merito, tuttavia vogliamo dare un peso statistico, anche se basso, a questo potenziale rischio:

Sfida 6

a_6	b_6
0,8	1,0

Sfida 7: instabilità dell'asse di rotazione

Normalmente, gli assi di rotazione dei pianeti non hanno un'inclinazione stabile, ma variano caoticamente a causa dell'interazione tra le loro orbite. Periodi di variabilità tipici sono dell'ordine di qualche milione di anni (vedi Marte) e gli intervalli di oscillazione sono molto grandi (**60°–90°**). La Terra non ha questa caratteristica perché, tramite il suo pesante satellite, la Luna, possiede uno stabilizzatore naturale, a meno di piccole variazioni, dell'inclinazione dell'asse ([101]; Fig. 5.7).

Ma quanto è importante tale caratteristica per lo sviluppo della vita? Visti gli imponenti impatti climatici che comporterebbe un'inclinazione caotica dell'asse planetario, è plausibile che tale situazione, pur non compromettendo del tutto lo sviluppo della vita, ne vincolerebbe l'evoluzione alle forme più resistenti e primitive.

Fig. 5.7 Diverse inclinazioni rispetto al piano di rivoluzione (che si suppone orizzontale nella figura) degli assi di rotazione dei pianeti

Anche se i dati relativi alla presenza di *esolune* (satelliti degli esopianeti), nei sistemi che quotidianamente si stanno scoprendo, al momento sono del tutto assenti, in questo caso non è sbagliato immaginare che, prevalentemente, delle lune di grandi dimensioni siano una caratteristica dei giganti gassosi e non dei pianeti rocciosi di minore dimensione e che quindi una situazione come quella terrestre sia rara. Ne risultano pertanto i seguenti valori di sopravvivenza a questa sfida:

Sfida 7

a_7	b_7
0,1	0,3

Sfida 8: assenza del ciclo del carbonio

La stabilità della temperatura non è mantenuta unicamente da un'inclinazione stabile e non eccessiva dell'asse planetario, ma anche da opportuni meccanismi di eliminazione e ripristino dei gas serra nell'atmosfera del pianeta, in particolare la CO_2. Sulla Terra un efficace termostato naturale è il c.d. *ciclo del carbonio*, ovvero l'interscambio dinamico tra geosfera, idrosfera, biosfera e atmosfera tramite processi chimici, fisici, geologici e biologici [55]. In sintesi, il meccanismo terrestre di termostazione del ciclo del carbonio consiste in questo (Fig. 5.8):

Ciclo di cattura del carbonio sotto forma di CO_2

a il pianeta si trova inizialmente nella fascia di abitabilità con acqua liquida e temperature medie sui **20°C**

b il vulcanismo (o l'attività animale o altro) arricchisce l'atmosfera di CO_2 determinando un primo squilibrio

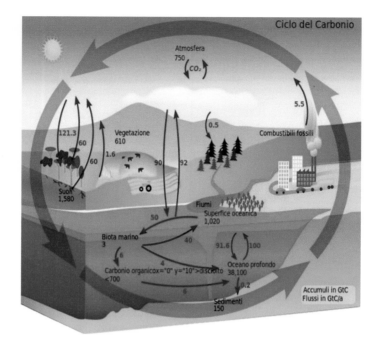

Fig. 5.8 Schema del ciclo del carbonio nell'ambiente terrestre

c la CO_2 fa aumentare la temperatura del pianeta
d l'aumento termico intensifica l'evaporazione dei mari e le piogge conseguenti
e le piogge catturano la CO_2 in eccesso e la riportano negli oceani
f il carbonio presente nella CO_2 precipita sui fondali
g i fenomeni di subduzione (scorrimento di una placca tettonica sotto un'altra) dei fondali riportano il carbonio nella geosfera

Ciclo di ripristino del carbonio sotto forma di CO_2
h l'atmosfera povera di CO_2 non trattiene il calore e il pianeta si raffredda (glaciazione)
i il vulcanismo ripristina la CO_2 senza provocare piogge ulteriori finché la temperatura resta bassa
j la temperatura aumenta in virtù del gas serra e torna ai livelli di partenza (punto **a**)

Si pensa che il ciclo del carbonio terrestre si sia sviluppato sin dalla formazione del nostro pianeta, con modalità non sempre identiche durante il passare del tempo. È evidente che il motore principale di questo meccanismo è l'attività geotermica che agisce in combinazione con le altre tre componenti; pertanto, la condizione essenziale di un pianeta stabilizzato termicamente è una **tettonica a zolle attiva**, ovvero un movimento delle placche una rispetto all'altra.

Paradossalmente i pianeti che presentano questa caratteristica sono quelli rocciosi non troppo piccoli. Il motivo risiede nel fatto che i pianeti piccoli – la metà della Terra, per intenderci – hanno maggiore dispersione termica e quindi esauriscono prima la loro scorta di energia termica interna. A quel punto il pianeta raffredda, la crosta solidifica in maniera uniforme e l'attività geologica si interrompe assieme al ciclo del carbonio. È quello che è successo a Marte che, oltre a non avere una gravità sufficiente a trattenere un'atmosfera abbastanza densa, non possiede un ciclo del carbonio che ne mantenga la temperatura costante nella fascia di abitabilità.

Al contrario, le c.d. *super-terre* recentemente scoperte – una ricca classe di pianeti rocciosi di dimensioni pari o maggiori della Terra – sarebbero degli ottimi candidati sotto questo aspetto avendo una tettonica a zolle probabilmente più attiva di quella terrestre. Recentemente è stato sviluppato un modello teorico che prevede se un ciclo del carbonio sia presente sugli esopianeti, una volta che la massa, la dimensione del nucleo e la quantità di CO_2 siano note. In ogni caso le super-terre sono molto comuni ed assicurano che il rischio di non trovare pianeti geologicamente attivi sia abbastanza scarso. Poniamo quindi:

Sfida 8

a_8	b_8
0,7	0,9

Sfida 9: assenza del campo magnetico planetario

Vi è un altro aspetto problematico e ancora poco studiato: l'analisi della parte profonda dei pianeti, e del loro campo magnetico. Sappiamo che il campo magnetico scherma il pianeta dai venti stellari di particelle cariche e, pertanto, è altrettanto necessario alla vita quanto la barriera di ozono per bloccare gli ultravioletti (Fig. 5.9).

Nel caso delle super-terre, nel 2021 uno studio condotto dall'Earth and Planets Laboratory di Carnegie [28], un istituto scientifico privato con sede a Washington DC, ha simulato pressioni estreme, esercitate su un silicato di magnesio, per capire meglio le dinamiche della parte interna, in particolare del mantello, degli esopianeti rocciosi più simili alla Terra; tutto ciò per scoprire se tali pianeti possano avere un campo magnetico analogo al nostro e, dunque, possano ospitare la vita.

Le conclusioni sono articolate in questo modo: in alcuni scenari geologici, infatti, le super-terre potrebbero generare una *geodinamo* simile a quella terrestre all'inizio della loro evoluzione, per poi perderla durante miliardi di anni in cui il raffreddamento rallenta il magnetismo. Una nuova ripresa dell'attività magnetica potrebbe essere innescata dal movimento di elementi più leggeri attraverso la cristallizzazione del nucleo interno.

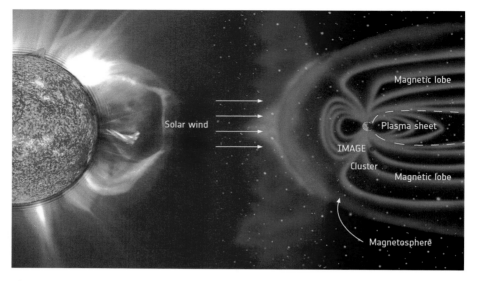

Fig. 5.9 Deviazione di particelle cariche stellari da parte del campo magnetico planetario. (ESA/NASA/SOHO/LASCO/EIT)

Vista la situazione incerta, pensiamo di assegnare a questa sfida una probabilità intermedia del 50%:

Sfida 9

a_9	b_9
0,4	0,6

Il calcolo del 3° parametro dalle 9 sfide

In conclusione, abbiamo ottenuto per il 3° parametro di Drake, nell'arco temporale dell'intera popolazione stellare 7 miliardi di anni (Tab. 5.1, Fig. 5.10):

Drake 3

$f_{s\,min}$	$f_{s\,max}$
$5,8 \cdot 10_{-3}$	$3,1 \cdot 10_{-2}$

Tab. 5.1   3° Drake: inserimento dei dati in ingresso a_j, b_j e ΔT_0 nella formula della lognormale. In grigio chiaro sono riportati i calcoli intermedi della media logaritmica e della varianza logaritmica. (IJA 14/06/2023 Mieli, Valli, Maccone)

	a_j	b_j	μ_j	σ^2_j	ΔT_0	μ	σ^2	$<X_0>$	$f_{s\ min}$	$f_{s\ max}$
1	0,70	0,90	−0,2258	0,0052	7 Ga	−4,07	0,15	**1,84%**	**0,58%**	**3,11%**
2	0,60	0,80	−0,3601	0,0069						
3	0,90	1,00	−0,0518	0,0009						
4	0,50	0,70	−0,5155	0,0094						
5	0,70	0,90	−0,2258	0,0052						
6	0,80	1,00	−0,1074	0,0041						
7	0,10	0,30	−1,6547	0,0948						
8	0,70	0,90	−0,2258	0,0052						
9	0,40	0,60	−0,6999	0,0136						

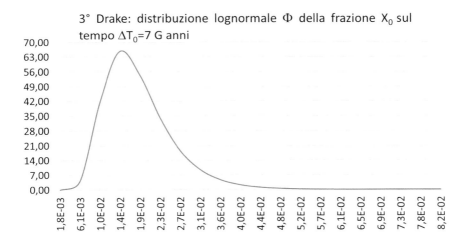

Fig. 5.10   3° Drake: andamento della curva lognormale per i nove valori in ingresso. Il valor medio trovato per il 3° parametro risulta quindi circa il 1,9% (tra 0,6% e 3,1%). (IJA 14/06/2023 Mieli, Valli, Maccone)

6

Considerazioni sui primi tre parametri

A questo punto possiamo inserire dei valori precisi nella formula per le frequenze di sopravvivenza finali $f_{s(min/max)}(\Delta T)$ dei pianeti stabili in funzione del tempo di stabilità ΔT. Ovvero:

$$\begin{cases} \tau_{(min/max)} \equiv \dfrac{\Delta T_0}{\ln \frac{1}{f_{s\,min/max}}} \\[2ex] f_{s\,min}(\Delta T) = \exp\left(-\dfrac{\Delta T}{\tau_{min}}\right) \\[2ex] f_{s\,max}(\Delta T) = \exp\left(-\dfrac{\Delta T}{\tau_{max}}\right) \end{cases}$$

Che nel nostro caso sarà (aggiungendo anche t_{med}):

$$\tau_{min} = 1\,359\,230\,076 \text{ anni}$$

$$\tau_{max} = 2\,016\,147\,681 \text{ anni}$$

$$\tau_{med} = 1\,752\,672\,805 \text{ anni}$$

La Fig. 6.1a mostra l'andamento della probabilità di stabilità planetaria in funzione del tempo ΔT in tutto l'arco della popolazione stellare di **7 Ga**. La Fig. 6.1b, invece, non è altro che la probabilità di abitabilità al momento attuale ottenuta moltiplicando il valore precedente per $\Delta T/7$ **Ga**. Questi andamenti, associati ai restanti parametri di Drake, saranno utili in una trattazione successiva per contare i pianeti a diversi livelli di sviluppo della vita e delle civiltà extraterrestri.

Per il 3° parametro di Drake abbiamo trovato che, nonostante la consistente scrematura operata con i primi due parametri per le stelle e i pianeti adatti allo

E. Mieli, A. M. F. Valli, C. Maccone, *La galassia vivente*, https://doi.org/10.1007/978-3-031-65654-5_6

sviluppo della vita, la curva di stabilità planetaria $f_s(\Delta T)$ del terzo parametro scende rapidamente a zero. Nel caso di sistemi della durata stabile di almeno **7 Ga**, tali da permettere con ragionevole certezza lo sviluppo di civiltà intelligenti, il valore della probabilità f_s scende a **1,84%** che è un valore decisamente modesto

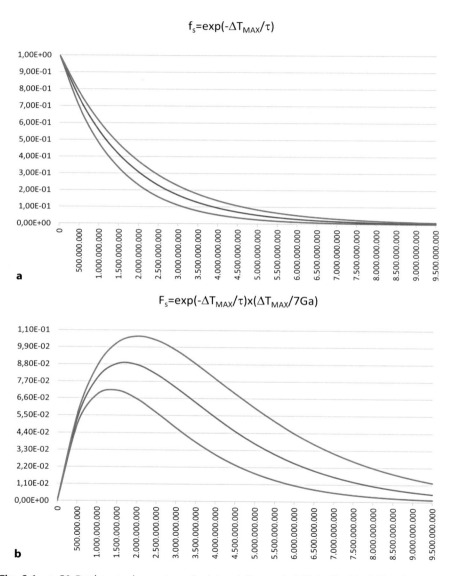

Fig. 6.1 **a** 3° Drake: andamento calcolato della probabilità di abitabilità $f_{s\,min/max}$ in funzione di ΔT con $\tau_{med} = 1,75$ Ga calcolato; **b** 3° Drake: probabilità di abitabilità al momento attuale $F_{s\,min/max} \equiv f_{s\,min/max} \cdot \Delta T/7$ Ga. (IJA 14/06/2023 Mieli, Valli, Maccone)

Parte II

I Parametri Biologici di Drake: f_l e f_i

È scontato dire che l'approccio matematico ai parametri c.d. *biologici*, il 4° e il 5°, dovrà essere necessariamente più articolato che per i primi tre. Il motivo è che i processi biologici ed evolutivi devono rispettare quasi sempre una sequenza rigida e delle condizioni ambientali delicate (**Fig. II.1**). Per simulare statisticamente un tale scenario tramite la divisione in *fasi* (le chiameremo così invece di *sfide*, come fatto in precedenza, perché adesso sono *covarianti col tempo*, aumentano, cioè, con la permanenza in ogni fase) con la lognormale di Maccone procederemo come segue:

A divideremo il fenomeno (col relativo parametro associato, ad esempio il 4° parametro per la comparsa della vita) in **n** fasi opportune;

B fisseremo degli intervalli di tempo di osservazione ΔTj per ciascuna fase e le relative frequenze massima e minima a_j e b_j (relative alla variabile casuale x_j) di realizzazione della fase **j**;

C definiremo degli intervalli massimi di tempo ΔT_{0j} di **microcatastrofe** per ciascuna fase **j**, ovvero i tempi oltre i quali le condizioni ambientali mutano e di fatto impediscono la realizzazione della fase;

D trasformeremo tutte le frequenze a_j e b_j nei loro corrispettivi A_j e B_j (variabile casuale X_j) rapportati ai tempi ΔT_{0j} di microcatastrofe;

E sommeremo tutti i tempi ΔT_{0j} ottenendo l'ordine di grandezza della durata dell'intero processo delle **n** fasi pari a ΔT_0;

F calcoleremo media $<X_0>$ e deviazione standard $\sigma(X_0)$ del fenomeno formato dalle **n** fasi, ora temporalmente omogenee, tramite la lognormale di Maccone $\Phi(X_0)$ riferita al tempo ΔT_0, ottenendo di conseguenza $<X_0>_{min}$ e $<X_0>_{max}$;

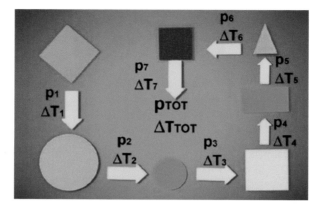

Fig. II.1 Sequenza delle fasi j che costituiscono i parametri biologici con tempi ΔT_j e probabilità p_j associate

G definiremo un intervallo massimo di tempo ΔT **di *macrocatastrofe*** per tutte le fasi, ovvero il tempo di osservazione oltre il quale sopraggiungono grandi eventi planetari che impediscono la realizzazione dell'intera sequenza delle **n** fasi (ad es. i grandi fenomeni di estinzione);

H trasformeremo $<X_0>_{min}$ e $<X_0>_{max}$ nei loro valori f_{min} e f_{max}, rapportati al tempo ΔT di macrocatastrofe, che saranno il 4° e 5° parametro di Drake finale calcolato.

Osserviamo che, una volta realizzata una fase o l'intero ciclo, il sopraggiungere di una catastrofe non è più letale per la fase o il ciclo stesso. Ne sono un esempio le mareggiate anomale (caso di microcatastrofi) che, periodicamente, ad esempio ogni **10** anni, investono il tranquillo ambiente delle lagune basse, determinando una diluizione improvvisa delle sacche lipidiche: in tal caso la concentrazione delle sacche scende sotto il livello limite di $n = 10^8 / m^3$ e questo fatto, come vedremo meglio nelle sezioni seguenti, blocca il processo descritto da Ageno di rimescolamento del contenuto delle sacche portando il suo tempo di realizzazione sopra i **30** anni, cioè non prima della mareggiata successiva. Se però la reazione avviene *prima* del tempo limite dei **10** anni, ovviamente permane anche al sopraggiungere della mareggiata. Ne sono un altro esempio le grandi estinzioni di massa (caso di macrocatastrofi) che hanno ridotto, ma non eliminato la vita sul pianeta.
Esiste, quindi, una certa resilienza delle diverse fasi ai traumi successivi al loro completamento.

7

4° Drake: il passaggio dal non vivente al vivente

L'origine della vita e la sua possibile occorrenza al di fuori del nostro pianeta costituiscono una delle sfide più appassionanti della scienza moderna. Non si tratta semplicemente di dover formulare un'ipotesi consistente sul passaggio dal non vivente al vivente, che già di per sé è un problema, ma anche di poter valutare la possibilità che tale processo possa realizzarsi altrove nell'Universo e con quale probabilità.

Molte ipotesi e teorie sull'origine della vita sono state formulate in passato [33, 52]. Tuttavia, attualmente la più nota e accreditata è quella del biochimico britannico Nick Lane [58]. Egli è partito dall'idea che tutti i viventi possiedono sei specifiche caratteristiche: una fonte di carbonio **1**) e di energia (uguale o diversa dalla prima) per alimentare i processi metabolici (cioè tutti i processi di crescita e di funzionamento dell'organismo) **2**), catalizzatori (molecole specifiche con compiti definiti) appropriati per favorire le reazioni chimiche **3**), la possibilità di rigettare all'esterno i rifiuti (cioè, i prodotti nocivi dei processi cellulari) **4**), una compartimentalizzazione (la separazione tra l'interno e l'esterno) **5**) e, infine, la presenza di materiale ereditario **6**). È facile riconoscere, in queste attività, quelle basilari di una semplice cellula di tipo procariotico (senza nucleo né organelli); un batterio, per esempio.

Lane situa il processo nelle sorgenti idrotermali alcaline [15] dove, sfruttando la differenza di pH (ovvero l'acidità che è la percentuale di ioni H$^+$ in una soluzione) tra le acque oceaniche e quelle delle sorgenti, i processi chimici sono assai simili, sia in polarità che in quantità, a quelli che hanno luogo nelle cellule viventi autotrofiche, cioè capaci di produrre direttamente la materia organica, come le piante, senza doverla ricercare nell'ambiente [102]. Le sue idee sono seducenti: infatti, integra tutte le scoperte recenti e permette persino di spiegare come si sarebbero potute produrre le differenze strutturali ed evolutive tra batteri e archei, tramite specializzazione ambientale successiva, a partire da un antenato comune. Quest'ultimo sarebbe stato il famoso LUCA (Last Universal Common Ancestor), l'antenato di tutti gli esseri viventi terrestri attuali [32]. Tuttavia, nonostante questo e nonostante le giuste critiche alle altre teorie, delle quali bisogna tenere conto, la sua ipotesi presenta una lacuna importante. Se la sintesi di molecole biologiche, nonché l'oligomerizzazione (produzione di corte sequenze di tali molecole) è possibile nei sistemi idrotermali, resta il problema dei filamenti di acidi nucleici (molecole fondamentali per la trasmissione dell'informazione genetica e la produzione di proteine). Infatti, in opportune condizioni di laboratorio, che riproducono quelle delle fumarole delle sorgenti alcaline, soltanto l'adenina opportunamente attivata riesce a formare qualche corto filamento di poche unità. L'adenina non attivata (AMP), invece, produce al massimo solo dimeri, mentre gli altri nucleotidi non polimerizzano [10]. Insomma, le molecole responsabili della trasmissione ereditaria, come il DNA, avrebbero difficoltà a formarsi, secondo il modello di Lane.

Per questo motivo, in questa sede, sarà considerata l'ipotesi avanzata dal fisico italiano Mario Ageno [2], nella prima metà degli anni Novanta. I processi ipotizzati da Ageno, infatti, benché alcuni siano ancora privi di un'appropriata verifica sperimentale, possono teoricamente permettere la produzione di nucleotidi trifosfati, le forme attive in grado di reagire e formare gli acidi nucleici (DNA, RNA e segmenti ibridi). Inoltre, i nucleotidi trifosfati, in particolare l'ATP, sono le principali molecole che fungono da batterie biologiche per rendere possibili le reazioni chimiche biologiche.

Come vedremo, Ageno suppone che i primi esseri viventi siano stati fotosintetici, perché l'unica sorgente di energia disponibile senza limiti e onnipresente sulla faccia della Terra, almeno sino a una certa profondità marina, era quella fornita dal Sole. L'importanza delle radiazioni elettromagnetiche per la vita, presente e passata, non solo non è più da dimostrare, ma la fotosintesi effettuata dalle piante verdi e dai cianobatteri è il solo processo che permette l'accumulazione dell'ossigeno libero nell'ambiente e quindi il solo processo che permetta, alla fine, di creare una barriera, lo strato di ozono, all'energia elettromagnetica ionizzante che raggiunge la superficie di un pianeta dallo spazio [57]. Pertanto, in assenza di esseri fotosintetici capaci di liberare ossigeno, lo strato di ozono non si sviluppa nell'atmosfera; in assenza di strato di ozono, l'acqua, dopo un certo tempo, viene decomposta completamente nei suoi composti elementari, facendo sfumare una delle risorse indispensabili alla vita.

Dunque, senza fotosintesi si determina quello che è successo sul pianeta Venere, dove gli oceani sono stati consumati tutti da tale processo. Giungiamo, dunque, al paradosso che, se tra i primi esseri viventi non si formano organismi capaci di produrre ossigeno tramite il processo di fotosintesi o se non sono essi stessi i primi esseri viventi, la vita così creata non riesce a mantenersi e svanisce rapidamente.

Per queste ragioni, consideriamo che l'ipotesi di Ageno sia, attualmente, la più plausibile per spiegare i passaggi necessari a evolvere forme di vita stabili su un pianeta. Sarà dunque questo il filo conduttore che noi seguiremo per valutate le variabili numeriche da utilizzare nei calcoli dell'algoritmo di Maccone, in assenza di nuove scoperte che ne mettano in dubbio l'efficacia.

8

La teoria di Mario Ageno

Ageno cominciò con lo specificare cosa intendesse parlando di un essere vivente. Un vivente, per Ageno, è un sistema chimico aperto, (cioè, un sistema al cui interno si sviluppano processi chimici e che può scambiare energia e materiali), coerente (in cui i processi sono ordinati nello spazio e nel tempo) dotato di programma (in possesso di un "direttore d'orchestra", il DNA, che stabilisce cosa e quando fare). Benché l'autore abbia specificato che tale definizione sia *Una* delle possibili per riconoscere tutti i viventi terrestri, piuttosto che *La* definizione per eccellenza, partendo dal suo concetto è facile rendersi conto che alla base del suo concetto di essere vivente ci sia la cellula biologica, come per la maggior parte degli specialisti moderni (si veda quanto detto più in alto, a proposito di Lane).

A partire da queste basi, Ageno sviluppò un'ipotesi fondata su una serie di tappe, il cui passaggio dall'una all'altra era considerato avvenire con una probabilità quasi certa (in maniera, dunque, praticamente automatica). Solo in questo modo si sarebbe potuto avere un processo capace di produrre, a partire da condizioni iniziali ben precise, il passaggio dal non vivente al vivente. L'idea di partenza traeva origine dal classico brodo prebiotico e delle sacche lipidiche (specie di bolle delimitate da molecole composte da acidi grassi, supposte trasformarsi in protocellule) formatesi in un ambiente assai particolare, il substrato poco profondo – tra **10** e **20 m** – di una laguna, per arrivare alla formazione di cellule viventi.

Nonostante il punto di partenza condiviso con altre teorie precedenti, Ageno introdusse due importanti novità, rendendo la sua ipotesi molto più credibile rispetto a quanto affermato fino ad allora. Sfruttando le proprietà dei componenti delle sacche lipidiche, capaci di fondersi e scindersi senza mescolare il loro contenuto con l'ambiente esterno, il fisico italiano sottolineò che non bisognava preoccuparsi di seguire la sorte di *Una Sola* sacca, ma che il sistema capace di

E. Mieli, A. M. F. Valli, C. Maccone, *La galassia vivente*,
https://doi.org/10.1007/978-3-031-65654-5_8
43

evolversi in essere vivente era costituito dall'insieme di *Tutte* le sacche lipidiche presenti nella laguna. Infatti, se una reazione particolare fosse avvenuta in una sacca determinata, in seguito alla collisione casuale tra queste, il prodotto avrebbe potuto arrivare in un'altra, al cui interno avrebbe poi potuto aver luogo la reazione seguente. E così di seguito, ingigantendo la probabilità dello svolgimento dell'intero processo.

Passiamo alla seconda ipotesi di Ageno: quest'ultima consisteva nel meccanismo capace di fornire energia al sistema per funzionare. Secondo il fisico italiano, l'energia derivava da una versione semplificata della fotosintesi delle piante verdi: una sacca lipidica avrebbe intrappolato dei pigmenti di clorofilla capaci di eccitarsi con i fotoni e di perdere elettroni lungo una semplice *catena redox* (un serie di processi che descrive il passaggio di elettroni da una specie chimica a un'altra), compresa nello spessore della membrana, comprendente una molecola con doppi legami tra i suoi atomi di carbonio. Quest'ultima sarebbe stata capace di trasferire protoni H$^+$ all'interno delle sacche, rendendo tale sistema acido. L'acidità avrebbe favorito il mantenimento dei polifosfati, tra cui le batterie energetiche biologiche, le molecole come l'ATP, e la formazione di alcune catene di molecole organiche come quelle di oligonucleotidi (semplici filamenti di DNA, di RNA e/o di nucleotidi e altre molecole, come amminoacidi) a partire dai precursori presenti nel brodo prebiotico. Questo sarebbe stato il primo passo verso la formazione di tutti i processi chimici che caratterizzano i viventi.

A chi obietta che la fotosintesi delle piante verdi, la cui clorofilla riceve gli elettroni direttamente dall'acqua, necessita di un apparato complicato (comprendente ben due pigmenti fotosintetici) e che, per questo, non possa essere considerato come primitivo, Ageno ribadisce che non sempre ciò che è più semplice è anche il più antico: un apparato semplice può essere un adattamento locale di un sistema che, all'origine, era più complesso. Recentemente, alcuni studi stanno sottolineando l'importanza della fotosintesi per tutti i fenomeni legati alla vita sul nostro pianeta.

Facciamo ora una rapida digressione per dare una veste matematica all' affermazione relativa alla collisione tra le sacche lipidiche. Sappiamo che in un sistema di corpuscoli (le nostre protocellule) di sezione pari a **s** e densità pari a **n** per metro cubo, il cammino libero medio (distanza media di percorrenza senza urti) è:

$$\lambda = 1/(n \cdot s)$$

Pertanto, definita ***v*** la velocità relativa tra i corpuscoli, il tempo medio tra una collisione e l'altra dei corpuscoli sarà:

$$t = \lambda/v = 1/(n \cdot s \cdot v)$$

t di fatto è interpretabile come il *tempo di primo rimescolamento* delle sacche lipidiche. Sapendo che:

$$s \sim 10^{-12}\,m^2$$

$$v \sim 10^{-5}\,m/s,$$

ne consegue che:

$$t = 10^{17}/n$$

Quest'ultimo è un valore da tenere sempre sotto controllo perché concentrazioni, ad esempio, inferiori a **n = 10^8** corpuscoli/**m^3** produrrebbero dei tempi di rimescolamento superiori ai **30** anni che, come abbiamo accennato precedentemente, in determinate condizioni variabili e traumatiche del sistema che ospita le protocellule, potrebbero essere troppi. È pur vero che, per una produzione di lipidi anche modesta distribuita sulla superficie marina, per ogni **m^2** di lipidi si potranno avere circa **10^{12}** sacche lipidiche che, su una profondità massima di una decina di metri, valore che permette, come vedremo, l'arrivo di energia solare, determinerebbero un valore di **n = 10^{11}**. Questa scoperta ci conforta abbastanza visto che, in tal caso, il tempo di primo rimescolamento sarebbe **t = 10^6 s**, ovvero circa **10** giorni.

Vedremo in seguito come gli agenti metereologici marini, interferendo periodicamente proprio con la concentrazione delle sacche lipidiche, determinino spesso delle vere e proprie barriere temporali (*microcatastrofi*) per la realizzazione delle reazioni all'interno delle sacche.

9

Il calcolo del 4° parametro f_l

Riportiamo l'intero processo di calcolo in Fig. 9.1 descrivendone ora i passaggi nel dettaglio:

passo 1.
Questo passo del processo di calcolo è quello più vicino alle nostre possibilità di valutazione in quanto assegna delle frequenze a partire da dati noti o, comunque, confrontabili con dati noti: ogni fase **j** è un processo necessario allo sviluppo della vita associato ad una variabile casuale x_j (frazione o frequenza) da stimare entro i due valori massimo e minimo a_j e b_j nel tempo di osservazione ΔT_j. La fase

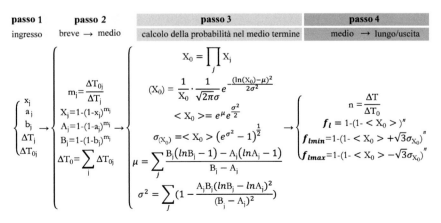

Fig. 9.1 4° Drake – dal passo 1 al passo 4 le informazioni sui singoli processi nel breve periodo danno luogo alla probabilità nel medio e lungo periodo. (IJA 14/06/2023 Mieli, Valli, Maccone)

© The Author(s), under exclusive license to Springer Nature Switzerland AG 2025
E. Mieli, A. M. F. Valli, C. Maccone, *La galassia vivente*,
https://doi.org/10.1007/978-3-031-65654-5_9

deve realizzarsi entro un tempo limite di microcatastrofe ΔT_{0j} superato il quale si consolida e, per così dire, può dirsi realizzata. Si tratta in definitiva di fornire in ingresso i quattro valori a_j, b_j, ΔT_j e ΔT_{0j} per ciascuna fase.

passo 2.
In questo passo del processo di calcolo le frequenze assegnate vengono rimodulate ciascuna nel proprio tempo limite ΔT_{0j} tramite la trasformazione *covariante col tempo*:

$$X_j(m_j) = 1 - \left(1 - x_j\right)^{m_j}$$

che trasforma la frequenza di un evento x_j, relativa ad un certo intervallo temporale ΔT_j, nella frequenza X_j relativa ad un intervallo ΔT_{0j} che è m_j volte più grande. In altre parole, se x_j è la probabilità di successo di una prova singola, X_j è la probabilità di successo di m_j prove consecutive, dove $m_j = \Delta T_{0j} / \Delta T_j$. Stessa cosa vale per le frequenze minima e massima a_j e b_j che si trasformano in A_j e B_j secondo la medesima legge. La somma di tutti i tempi massimi di microcatastrofe dà luogo al tempo complessivo di medio periodo ΔT_0 necessario a realizzare l'intero processo:

$$\Delta T_0 = \sum_j \Delta T_{0j}$$

passo 3.
Nel medio periodo le frequenze delle diverse fasi X_j sono omogenee temporalmente e possono essere moltiplicate tra loro, come per la formula di Drake, per ottenere la nuova variabile di medio periodo X_0 la cui distribuzione è calcolata con la lognormale di Maccone riportata di seguito:

$$\Phi(X_0) = \frac{1}{X_0} \cdot \frac{1}{\sqrt{2\pi}\sigma} e^{-\frac{(\ln(X_0)-\mu)^2}{2\sigma^2}}$$

dove – si faccia attenzione – μ e σ sono la media e la deviazione standard del logaritmo della variabile casuale X_0, mentre $<X_0>$ e $\sigma(X_0)$ sono la media e la deviazione standard della variabile casuale X_0.

passo 4.
In questo passo del processo di calcolo, analogamente al passo 2, la frequenza ottenuta $<X_0>$ viene rimodulata nel tempo limite di macrocatastrofe ΔT tramite lo stesso algoritmo *covariante* usato precedentemente:

$$f_j(n) = 1 - (1 - X_0)^n$$

dove $n = \Delta T / \Delta T_0$

I due scostamenti dal valor medio $\mathbf{X_0} \pm \sqrt{3}\boldsymbol{\sigma}(\mathbf{X_0})$ che danno luogo a $\mathbf{f_{l\,min}}$ e $\mathbf{f_{l\,max}}$, derivano dalla formula della lognormale di Maccone (Appendice **D**).

Abbiamo, in definitiva, fornito in ingresso i quattro valori $\mathbf{a_j}$, $\mathbf{b_j}$, $\boldsymbol{\Delta T_j}$ e $\boldsymbol{\Delta T_{0j}}$ per ciascuna fase ed ottenuto la probabilità finale $\mathbf{f_l}$ con i suoi scostamenti $\mathbf{f_{l\,min}}$ e $\mathbf{f_{l\,max}}$ nel tempo $\boldsymbol{\Delta T}$.

10

Il passaggio dal non vivente al vivente, fase per fase

Il fenomeno dell'insorgenza della vita legato al parametro f_l, è stato diviso in **10** fasi, identificate qui sotto:

1   la sintesi abiologica delle molecole biologiche
2   la concentrazione del brodo primordiale
3   la formazione delle sacche lipidiche
4   l'inclusione della clorofilla nelle membrane lipidiche
5   la "fotopompa per protoni"
6   la formazione dei filamenti di acido nucleico
7   il ruolo catalitico dell'RNA
8   determinazione dei ruoli
9   formazione della membrana cellulare
10   emergenza del codice genetico

Il punto di partenza; il pianeta abitabile

Le condizioni di base per poter sviluppare il passaggio dal non vivente al vivente in un pianeta di tipo terrestre, come già visto nei primi tre parametri di Drake, sono riassunte di seguito.

a   Innanzitutto, il pianeta deve essere roccioso e non gassoso, come ad esempio sono i pianeti del sistema solare interno Mercurio, Venere, Terra e Marte

b   In secondo luogo, si deve trovare ad una distanza tale dalla sua stella da non essere né troppo freddo né troppo caldo. In particolare, sul pianeta in questione deve essere presente l'acqua allo stato liquido. Tale sostanza, infatti, è indispensabile alla vita come la conosciamo e come è stata definita preceden-

© The Author(s), under exclusive license to Springer Nature Switzerland AG 2025
E. Mieli, A. M. F. Valli, C. Maccone, *La galassia vivente*,
https://doi.org/10.1007/978-3-031-65654-5_10

Fig. 10.1 Ambiente Eo-Archeano (circa 4–3,6 Ga). Powered by 🌐 OpenAI

temente, essendo, tra l'altro, il solvente privilegiato in cui avvengono i processi metabolici.

c Poi, la gravità del pianeta deve essere sufficiente a trattenere un'atmosfera che poi funga anche da schermo protettivo contro eventuali bombardamenti di raggi cosmici e radiazione ultravioletta. Le condizioni sin qui descritte sono continuamente monitorate e catalogate su migliaia di esopianeti che vengono individuati di continuo dalla metà degli anni '90.

d Inoltre, l'atmosfera non deve essere ossidante come l'attuale, ma deve essere sprovvista di ossigeno libero (O_2). Questa condizione è facilmente realizzabile, in quanto una presenza stabile e importante di tale gas nell'aria deriva da processi fotosintetici che sono indubitabilmente attività proprie degli organismi viventi. L'idrolisi dell'acqua (la separazione della molecola di acqua nei suoi composti elementari, idrogeno e ossigeno), per esempio, a opera della radiazione elettromagnetica, produce O_2, ma la quantità ottenuta per unità di tempo è relativamente bassa. Inoltre, l'ossigeno prodotto in questo modo tende a legarsi (ossidare) rapidamente con le molecole presenti nell'ambiente. Dunque, un qualunque corpo celeste sprovvisto di esseri viventi è reputato possedere un'atmosfera in cui l'ossigeno libero manca completamente oppure è presente soltanto come traccia.

e Per finire, il pianeta deve possedere un'attività geotermica. L'energia (il calore) prodotta al suo interno, si sposta verso la superficie, sino a fuoriuscirne, dando luogo a fenomeni diversi (vulcanismo e sorgenti idrotermali; [103]; Fig. 10.1). Vediamo ora, nel dettaglio, le varie fasi del processo.

La prima fase; la sintesi abiologica delle molecole biologiche

Per poter iniziare il nostro processo è indispensabile la sintesi abiotica delle molecole biologiche e/o dei loro precursori. Oggi è noto che, sotto opportune condizioni (presenza di energia e di precursori chimici adeguati), in presenza di un'atmosfera riducente, possono prodursi semplici molecole organiche, tra cui lipidi, amminoacidi, nucleotidi (Fig. 10.2), idrocarburi, ma non solo [79, 91].

La Terra, alle sue origini, non aveva un'atmosfera completamente riducente; tuttavia era sprovvista di ossigeno libero. In un pianeta con le caratteristiche elencate precedentemente, i composti organici possono derivare, da apporti meteoritici di molecole prodotte nello spazio (durante l'Archeano, l'intervallo cronologico che comprende il periodo tra i **4** e i **2,5 miliardi** di anni della storia terrestre, centinaia di migliaia di meteoriti sono cadute sulla Terra) e dalla sintesi avvenuta nelle sorgenti idrotermali [77]. È indubitabile, dunque, che in un tale pianeta sia possibile trovare delle molecole organiche.

Per poter stimare la frequenza minima e massima di formazione delle molecole biologiche, prendiamo a riferimento, dei due fenomeni descritti, sorgenti idrotermali e fenomeni meteoritici, quello più lento e meno probabile, ovvero i fenomeni meteoritici. Durante l'Adeano e l'Archeano la frequenza di impatto delle meteoriti sulla Terra fu notevole. Il recente lavoro di Takeuchi e collaboratori [120] quantifica tale fenomeno in circa 10^{20} **kg** di meteoriti giunte sulla Terra in tale periodo; un valore enorme (la massa terrestre è di circa $6 \cdot 10^{24}$ **kg**) che giustifica ampiamente la presenza delle molecole in questione.

Ipotizziamo che il fenomeno di distribuzione delle molecole biologiche meteoritiche abbia interessato tra il 90% (valore a_1) e il 100% (valore b_1) del pianeta su un tempo di osservazione ΔT_1 di circa 1000000 di anni. Inoltre, terremo il

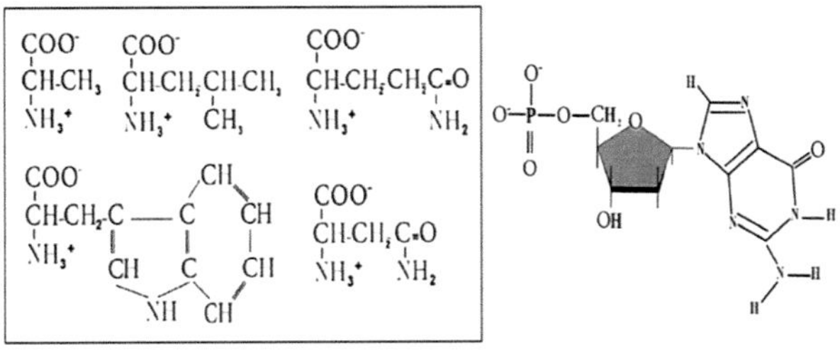

Fig. 10.2 Alcune delle molecole biologiche necessarie alla vita: nel riquadro a sinistra, **5** dei **20** amminoacidi fondamentali (in alto, da sinistra a destra, Alanina, Leucina, Glutammina; in basso, da sinistra a destra, Triptofano, Asparagina); a sinistra, il nucleotide monofosfato ottenuto con la base Guanina. (IJA 14/06/2023 Mieli, Valli, Maccone)

valore massimo di tale osservazione ΔT_{01} (tempo di microcatastrofe della fase 1) sempre pari a 1000000 di anni considerando che anche le condizioni di esistenza delle sorgenti idrotermali hanno verosimilmente un valore limite di quell'ordine di grandezza.

Fase 1

a_1	b_1	ΔT_1	ΔT_{01}
0,9	1,0	1000000	1000000

La seconda fase; la concentrazione del brodo primordiale

Ageno situa l'evoluzione del suo sistema in un ambiente particolare: il fondo di una laguna riparata, alla profondità compresa tra **10 e 20 m**. Al di là dei dettagli, quello che è importante sottolineare è che la concentrazione dei composti organici deve essere consistente con una profondità alla quale i raggi elettromagnetici nocivi (quelli troppo energetici, in grado, cioè, di distruggere le molecole biologiche e di alterare le reazioni chimiche) siano assorbiti dal liquido, ma tale che quella parte dello spettro utilizzata per la fotosintesi sia ancora accessibile. La profondità, dunque, dipende dalla composizione particolare dell'atmosfera e dell'intensità della luce che raggiunge la superficie del pianeta (Fig. 10.3).

Quanto è realistico questo quadro? In un ambiente completamente sterile (assenza totale di forme viventi) è difficile immaginare fenomeni capaci di alterare e distruggere le molecole. I raggi ultravioletti (UV), come le radiazioni elettromagnetiche più energetiche, possono farlo, ma al di là di una certa profondità, vengono assorbiti dalle molecole di acqua. Inoltre, se aggiungiamo la prossimità con una sorgente idrotermale alcalina, saremo sicuri di aver assicurato un rifornimento regolare di materiale organico.

Studi relativi alle sorgenti idrotermali mostrano che, se la maggioranza di esse si situano tra i **2000** e i **3000 m** sotto il livello del mare, in realtà sono anche abbondanti in ambienti subaerei a varie altre profondità. E questo era verosimilmente il caso anche nel passato. Possiamo considerare, dunque, che durante l'Archeano, le sorgenti idrotermali alcaline erano presenti e diffuse sul nostro pianeta.

Per stimare la probabilità di presenza delle molecole biologiche nelle sorgenti idrotermali alcaline prenderemo una frequenza minima pari al 5% ed una massima pari al 15%. Tali valori sono suggeriti dalla distribuzione delle lagune con tali caratteristiche di profondità su un tempo di rilascio adeguato di circa 100 anni Il tempo massimo di vita delle lagune in tali condizioni ottimali è stimato in 10000 anni.

Fig. 10.3 Lagune riparate che favoriscono la concentrazione del brodo primordiale. (Ram Krishnamurthy – Center for Chemical Evolution – Scripps Research Institute)

Fase 2

a_2	b_2	ΔT_2	ΔT_{02}
0,05	0,15	100	1000000

La terza fase; la formazione delle sacche lipidiche

Tra le molecole organiche presenti nell'ambiente definito si distinguono alcuni acidi grassi particolari: i lipidi a testa polare e a coda idrofobica.

Questi composti sono in grado di formare strati a doppio spessore molecolare in superficie (Fig. 10.4, in alto e Fig. 10.5) e, immersi in acqua, delle sacche a doppia parete (Fig. 10.4, ai lati e Fig. 10.5) in cui le estremità polari delle molecole sono in contatto con l'acqua mentre quelle idrofobiche (che non amano questo liquido) sono affacciate le une contro le altre, al centro dello spessore della parete stessa. Tali molecole sono tra i componenti principali delle membrane organiche, in particolare di quelle cellulari di cui sono costituiti tutti i viventi.

Le sacche lipidiche a doppia parete così formate sono in grado di fondersi (Fig. 10.4, al centro), urtandosi, e di scindersi in due, qualora il volume di una di

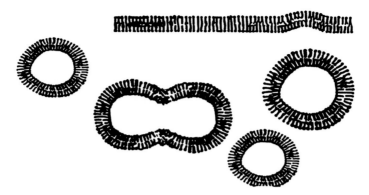

Fig. 10.4 In alto, strato a doppio spessore di superficie; ai lati sacche lipidiche a doppia parete; al centro, fusione di due sacche lipidiche. (IJA 14/06/2023 Mieli, Valli, Maccone)

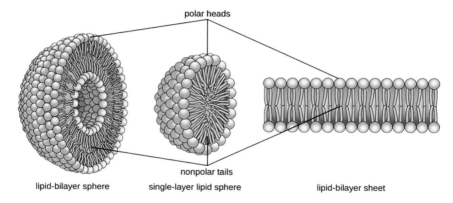

Fig. 10.5 Sezione di sacca lipidica a doppio spessore di superficie. (CNX OpenStax)

esse risultasse eccessivo, senza mescolare il loro contenuto con l'ambiente esterno. In questo modo, è possibile suddividere il nostro sistema in due spazi distinti, quello **esterno** della laguna e quello **interno** che, come abbiamo visto nella sezione introduttiva dedicata ad Ageno, comprende statisticamente lo spazio in Tutte le sacche presenti.

Le sacche formatesi nella laguna di cui al punto precedente possono così inglobare una parte del materiale organico sintetizzato abiologicamente. Se un composto chimico determinato è presente all'interno di una sacca, a causa dei processi descritti sopra, potrà, a un certo istante, venire in contatto con un altro, prodottosi inizialmente in una sacca differente, e reagire con esso. Infatti, a causa delle fusioni e delle separazioni delle sacche, l'ambiente interno risulta unico e una qualunque molecole può, prima o poi, interagire con le altre.

La formazione e la dinamica delle sacche dipendono dalla concentrazione dei lipidi e dalle caratteristiche fisiche del liquido (l'acqua) in cui sono immerse. Visto che i lipidi sono tra le sostanze che possono essere sintetizzate facilmente nelle sorgenti idrotermali, dovevano essere, quindi, relativamente abbondanti nel nostro sistema. A questo punto, dato il loro comportamento, la formazione dei doppi strati lipidici e delle sacche era relativamente probabile e rapido: poniamo la frequenza tra 0,9 e 1 nel tempo altrettanto rapido di 0,1 anni Il tempo limite del processo, ovvero le crisi ambientali capaci di distruggere il sistema, erano eventi climatici estremi, tali da turbare la tranquillità della laguna, stimati in circa 10 anni.

Fase 3

a_3	b_3	ΔT_3	ΔT_{03}
0,9	1,0	0,1	10

La quarta fase; l'inclusione della clorofilla nelle membrane lipidiche

Nel brodo prebiotico non erano presenti soltanto amminoacidi, nucleotidi o lipidi. La sintesi abiologica permette di ottenere anche molecole di altro tipo, più o meno semplici. Per esempio, esperimenti di laboratorio, sul tipo di quello di Miller, hanno permesso di dimostrare la sintesi abiotica della clorofilla, un pigmento che permette alle piante verdi e ai cianobatteri di effettuare la fotosintesi sfruttando gli elettroni sottratti alle molecole d'acqua [23]. Benché complessa, questa molecola potrebbe essere molto antica: fossili di organismi capaci di effettuare la fotosintesi effettuata dalle piante verdi sarebbero stati rinvenuti in strati sedimentari australiani vecchi di circa **3,5 miliardi** di anni [97].

La clorofilla è un pigmento (una molecola) che è grado di eccitarsi se stimolata da fotoni di una lunghezza d'onda opportuna dipendente dal pigmento in questione. L'eccitazione causa la perdita di uno o più elettroni che cominciano a percorrere una *catena redox* (un serie di processi che descrive il passaggio di elettroni da una specie chimica a un'altra), formata da diverse molecole contenute nello spessore della membrana fotosintetizzatrice. Tra queste, spiccano i *chinoni*, molecole particolari che, riducendosi (accettando elettroni), debbono legarsi a un ugual numero di protoni (H^+). Una delle particolarità di queste molecole è quella di possedere dei legami doppi alternati che sono i responsabili della caratteristica accennata sopra.

La più semplice molecola a legami doppi alternati, avente, dunque, le proprietà dei chinoni, è molto più semplice di numerosi altri composti derivanti dalla sintesi abiologica. Quindi, esemplari di tale sostanza erano verosimilmente

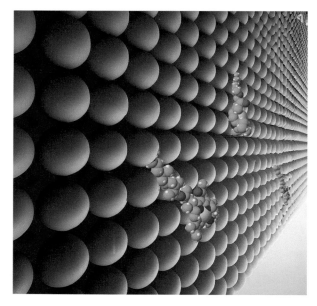

Fig. 10.6 L'intrappolamento della clorofilla e di altri componenti della catena redox nella membrana. [Powered by ⑨ OpenAI]

presenti nel brodo prebiotico. Essendo certi chinoni liposolubili, capaci, cioè, di mescolarsi con i grassi, soprattutto quelli che intervengono nei processi biologici, alcuni di loro, o le molecole a doppio legame alternato, hanno potuto essere "intrappolati" nello spessore della membrana di alcune sacche lipidiche formatesi nel brodo prebiotico, conservando la loro proprietà essenziale per il processo di fotosintesi: la riduzione (reversibile) accompagnata dall'accettazione (reversibile anch'essa) di protoni. Se la temperatura non era troppo bassa, tali molecole potevano muoversi, all'interno della membrana lipidica come in un liquido bidimensionale, come i chinoni dei sistemi fotosintetizzatori.

L'intrappolamento della clorofilla (Fig. 10.6) e di altri componenti della catena redox nella membrana avrebbe permesso il passaggio di un flusso di elettroni nella membrana stessa, alimentato dalla luce solare [3]. È importante sottolineare che, per il funzionamento di questo dispositivo, non è necessaria la formazione dell'intera catena redox, ma soltanto la presenza di quegli elementi che permettono il passaggio degli elettroni attraverso il chinone per poter effettuare il trasferimento dei protoni. La clorofilla e le molecole necessarie par la catena redox erano sicuramente presenti nel brodo primordiale. Essendo liposolubili, esse potevano penetrare nel doppio strato lipidico e restarne intrappolate.

Ipotizzando una concentrazione della clorofilla non troppo elevata, possiamo assegnare una frequenza tra il 10% e il 20% di inclusione del pigmento per un tempo di osservazione di circa 1 anno. La fase può essere compromessa se si diluisce il sistema di sacche lipidiche; come nel caso precedente, fisseremo il tempo limite in 10 anni.

Fase 4

a_4	b_4	ΔT_4	ΔT_{04}
0,1	0,2	1	10

La quinta fase; la "fotopompa per protoni"

Una volta presenti, nello spessore della membrana lipidica, l'insieme delle molecole indicate precedentemente, la "fotopompa per protoni" di Ageno può entrare in azione. Di cosa si tratta? Di un meccanismo per sottrarre i protoni (ioni H^+) al mezzo esterno e trasferirli all'interno del sistema delle sacche.

L'accostamento di un pigmento – nel nostro caso, la clorofilla, perché permette di ottenere gli elettroni dalle molecole di acqua – con un'opportuna molecola a doppio legame, permetterà, quando il primo riceve i fotoni appropriati, di passare gli elettroni eccitati alla seconda. La polarità che ne deriva servirà a mantenere le due molecole prossime l'una all'altra, dentro il doppio strato lipidico. E così di seguito, per tutte le molecole facenti parte della catena redox.

La riduzione della molecola a doppio legame è accompagnata dall'acquisizioni, dal mezzo *Esterno*, di protoni che, al rilascio successivo degli elettroni verso un'altra sostanza, sono ceduti, questa volta, al mezzo *Interno*.

Quindi, c'è la probabilità che si generi un sistema capace di trasferire dei protoni nell'ambiente interno, rendendo il sistema acido. Naturalmente, esiste anche la probabilità che avvenga esattamente l'opposto.

Tuttavia, nel primo caso, il sistema può evolvere nella direzione indicata dal fisico italiano; nel secondo, invece, il sistema si arresta. Data la concentrazione del brodo prebiotico, è probabile che più pigmenti e più molecole a doppio legame alternato siano intrappolate dello spessore delle membrane lipidiche. Quelle in grado di concentrare i protoni all'interno (Fig. 10.7 e Fig. 10.8) evolveranno nel senso indicato verso le fasi successive, le altre, invece, non avranno futuro.

Si tenga presente, inoltre, che l'oceano primordiale era verosimilmente più acido dell'attuale, fatto che implica una maggiore concentrazione di protoni nelle acque marine primordiali e che può aver contribuito nel far funzionare la pompa nel verso giusto.

Traduciamo quanto appena espresso in un fenomeno statistico formale: la clorofilla, inizialmente, con una probabilità **p** del **50%**, acidifica o l'interno o l'esterno della sacca lipidica; tuttavia, questa probabilità avrà una deviazione standard binomiale pari al **25%**, ovvero:

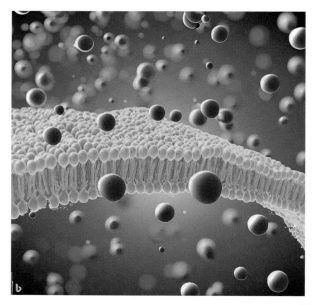

Fig. 10.7 Passaggio asimmetrico di protoni attraverso la membrana. Powered by OpenAI

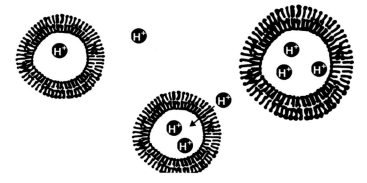

Fig. 10.8 La concentrazione degli ioni H⁺ all'interno del sistema delle sacche lipidiche aumenta il pH di tale ambiente: la freccia indica l'ingresso di uno ione H⁺ grazie alla "fotopompa per protoni". (IJA 14/06/2023 Mieli, Valli, Maccone)

$$N \cdot p \cdot (1 - p) = N \cdot 1/2 \cdot 1/2 = N/4$$

dove **N** è il numero di assorbimenti di fotoni nel tempo di osservazione; sarà proprio questo scostamento dal valor medio a rendere una parte delle sacche lipidiche, quelle più acide all'interno, in grado di proseguire il processo nella fase successiva.

Naturalmente, le fusioni e le separazioni delle sacche lipidiche possono rimescolare il loro contenuto, ma è indubbio che la fotopompa di Ageno sarebbe stata in grado di "acidificare" stabilmente almeno una parte dell'ambiente interno del nostro sistema. Poniamo tale frazione compresa tra il 10% e il 20% in un tempo di osservazione di qualche giorno, ovvero 0,01 anni ed un tempo limite pari a 10 anni come nelle due fasi precedenti.

Fase 5

a_5	b_5	ΔT_5	ΔT_{05}
0,1	0,2	0,01	10

La sesta fase; la formazione dei filamenti di acido nucleico

L'acidificazione dell'ambiente interno delle sacche, o almeno una parte di esso, permette di risolvere uno dei problemi più importanti relativi al passaggio dal non vivente al vivente: la precipitazione del fosforo sotto forma di apatiti insolubili. Il fosforo è un elemento indispensabile alla vita, perché interviene nella formazione degli acidi nucleici (DNA, RNA) e nelle batterie energetiche biologiche (la cui più importante, l'ATP, non è altro che la forma trifosfata del nucleotide dell'adeno-sina, uno dei componenti dell'RNA). E proprio le forme trifosfate dei nucleosidi sono quelle attivate che possono quindi reagire per formare i filamenti degli acidi nucleici. Se le forme trifosfate non si conservano, salta la possibilità di costruire gli acidi nucleici. È questo il passo cruciale che ci ha fatto preferire l'ipotesi di Ageno a quella di Lane.

L'acidificazione dell'ambiente interno permette, dunque, la conservazione dei polifosfati e dei fosfati organici prodotti in maniera abiotica. In particolare, favorisce due elementi essenziali per l'evoluzione verso il vivente:

1 la formazione, a partire dai componenti di base contenuti nel brodo prebiotico e sequestrati all'interno delle sacche lipidiche, di filamenti di DNA, RNA o ibridi di nucleotidi e amminoacidi;
2 la preservazione dell'ATP formatosi in ambiente abiotico (Fig. 10.9 e Fig. 10.10, a sinistra), la più importante "batteria" biologica in grado di per-mettere l'evoluzione delle reazioni chimiche endoenergetiche.

Naturalmente, la dinamica delle sacche lipidiche, con le loro fusioni e le loro divisioni, permetteva al nuovo materiale elaborato nei compartimenti più acidi di essere disponibile in tutto l'ambiente interno del nostro sistema.

Vista la complessità di questa fase, le assegneremo una probabilità bassa tra il 2% e il 3% su un tempo di 0,01 anni (3–4 giorni) e un tempo limite di 1 anno oltre il quale le variazioni delle condizioni stagionali potrebbero essere state di ostacolo al compimento della fase.

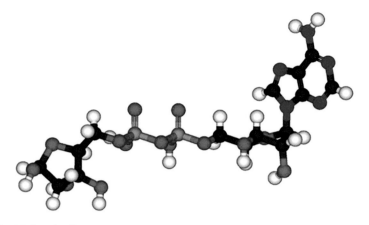

Fig. 10.9   Molecola di ATP

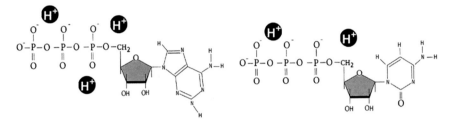

Fig. 10.10   Nucleotidi trifosfato formatisi nell'ambiente reso acido dagli ioni H^+ (ATP, con la base adenina, a sinistra; CTP, con la base citosina, a destra). (IJA 14/06/2023 Mieli, Valli, Maccone)

Fase 6

a_6	b_6	ΔT_6	ΔT_{06}
0,02	0,03	0,01	1

Ciò, tra l'altro, permette di tener conto del fatto che, attualmente, la produzione di ATP si svolge facendo intervenire molecole e processi che, all'epoca, non erano ancora presenti. Tuttavia, l'importante, in questa fase, è mostrare la possibilità di mantenere stabili le forme trifosfate, in maniera da permette loro di formare delle molecole di acidi nucleici.

La settima fase; il ruolo catalitico dell'RNA

La produzione di filamenti di acidi nucleici (DNA, RNA e catene miste di amminoacidi e acidi nucleotidi) e di nucleotidi trifosfati nel sistema "fotopompa" permette, pian piano, l'evoluzione ulteriore del sistema.

A partire dai filamenti di acidi nucleici, possono avviarsi dei processi replicativi dipendenti dalle particolari combinazioni presenti. Per tentativi ed errori, certi filamenti sono diventati più abbondanti di altri. In parallelo, l'attività enzimatica, svolta inizialmente da ioni metallici più o meno isolati, diventa l'appannaggio di molecole più complesse, comprendenti componenti organiche.

Si tratta, forse, del celebre "mondo a RNA" [81], in cui tale molecola svolgeva sia i compiti enzimatici che quelli legati all'ereditarietà (Fig. 10.11)? Non vogliamo entrare nei dettagli. Ricordiamo solo che l'RNA, non potendo formare la doppia elica, mal si presta a conservare l'informazione genetica, a differenza del DNA. Inoltre, non vi sono ragioni per credere che i due tipi di acidi nucleici non abbiano potuto evolversi in parallelo o a partire da un antenato comune. Dal momento che nel mondo vivente attuale, l'ipotetico mondo a RNA non ha lasciato tracce, possiamo ragionevolmente considerare DNA e RNA come due tipi di filamenti in competizione, ma che hanno poi finito, rapidamente, per assumere ruoli biologici differenti dove il DNA, con la doppia elica costituita da desossi-ribonucleotidi, è diventato la molecola con funzione ereditaria.

D'altra parte, l'importanza dell'RNA in questa fase del processo del passaggio dal non vivente al vivente non va sminuita. La ricerca ha messo in evidenza un sempre maggior numero di sequenze di RNA capaci di attività enzimatica. Tutto questo lascia presupporre che, almeno all'inizio, sia stato l'RNA a svolgere le principali azioni enzimatiche [17]. Ricordiamoci, inoltre, che negli ambienti più acidi del compartimento interno delle sacche, potevano formarsi nucleotidi trifosfati in grado di assicurare l'energia per la sintesi di nuove molecole e per permettere l'allungamento dei filamenti di acidi nucleici, i più attivi dal punto di vista catalitico.

Ormai è praticamente certo che i filamenti di RNA possano funzionare da catalizzatori biologici: più i filamenti sono lunghi, più è facile trovare una reazione che sia catalizzata da questi anche se, naturalmente, essendo meno specifici, sono

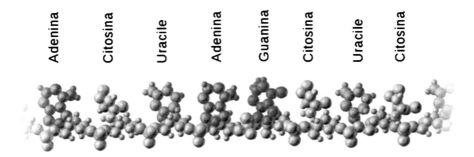

Fig. 10.11   Frammento di filamento di RNA

meno efficaci delle proteine. Se la concentrazione è alta, i tempi delle reazioni chimiche sono abbastanza brevi (ore), meno brevi se la concentrazione è bassa (giorni-mesi). Noi ci metteremo nel secondo caso ponendo la frazione di molecole di RNA adatte tra il 90% e il 100% in un tempo di 0,1 anni (un mese circa) con un limite di 1 anno circa, come nella fase precedente.

Fase 7

a_7	b_7	ΔT_7	ΔT_{07}
0,9	1,0	0,1	1,0

L'ottava fase; determinazione dei ruoli

Il nostro sistema, ormai dotato di molecole catalitiche e di batterie energetiche, ha potuto cominciare a produrre nuove molecole biologiche a partire da un'opportuna sorgente di carbonio. Avendo evocato la fotosintesi come principale motore del nostro processo, viene naturale considerare l'anidride carbonica (CO_2) come tale fonte.

D'altra parte, questa molecola, essendo liposolubile, poteva superare la doppia membrana lipidica e diffondersi nell'ambiente interno delle sacche. Inoltre, all'epoca, il tasso di CO_2 era ben superiore all'attuale. L'anidride carbonica ben si prestava come fonte di carbonio per i processi evocati precedentemente ed è considerata occupare tale ruolo anche nella teoria di Lane.

A poco a poco, per tentativi ed errori, i ruoli delle differenti molecole organiche presenti hanno cominciato a differenziarsi. Il DNA, grazie alle sue proprietà di formare la doppia elica (Fig. 10.12), si è affermato come la molecola responsabile dell'ereditarietà e del controllo dell'intero sistema. Le proteine, grazie alla loro particolare struttura tridimensionale specifica per ciascuna di queste (Fig. 10.13) si sono dimostrate più funzionali, distinguendosi per la loro estrema specificità nello svolgere l'attività enzimatica. Infine, l'RNA si è specializzato come intermediario tra il DNA e la sintesi proteica, diventando indispensabile per tale attività (una parte consistente dei ribosomi è composta di RNA).

I fenomeni di selezione dei ruoli appena descritti potrebbero essersi realizzati gradualmente in un centinaio di anni secondo una frazione massima e minima del 20% e 30%. Il tempo massimo coincide col tempo di osservazione.

Fase 8

a_8	b_8	ΔT_8	ΔT_{08}
0,2	0,3	100	100

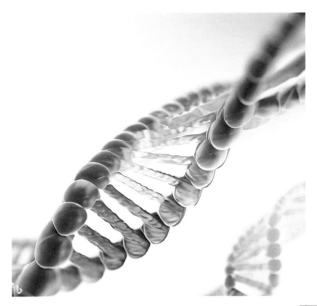

Fig. 10.12   Rappresentazione di un filamento di DNA a doppia elica. Powered by ⑤ OpenAI

Fig. 10.13   Rappresentazione tridimensionale di una proteina. Powered by ⑤ OpenAI

La nona fase; la formazione della membrana cellulare

Al seguito dell'ultimo passo, si diffondono nel sistema nuove molecole organiche. Quelle che riguardano i processi di sintesi e duplicazione di particolari catene di DNA saranno favorite e si propagheranno.

Tuttavia, nuove catene proteiche vengono via via incluse nel doppio spessore lipidico. Alcune sono tali da mantenerne la stabilità e la coerenza; altre permettono la produzione dei nucleotidi trifosfati (le basi per produrre DNA, RNA nonché le batterie biologiche) a partire dai loro precursori. La sacca in cui avviene tutto questo avrà la tendenza a non fondersi più con le altre per scambiarne il contenuto e acquisterà le caratteristiche che le permetteranno di alloggiare il sistema per produrre dei nucleotidi trifosfati a partire dai loro precursori (di produrre, cioè, le batterie biologiche di maniera agevole, come nei batteri attuali).

A poco a poco, i vari processi metabolici cominciano ad accumularsi in singole sacche che finiscono per agire ciascuna per conto proprio. Finalmente, almeno una di queste, dalle dimensioni opportune, comprenderà tutti i processi e le conquiste elencati nelle tappe precedenti, che potranno avvenire in un unico microambiente protetto (Fig. 10.14 e Fig. 10.15). Sarà allora quest'ultima, che continuerà la sua evoluzione verso il vivente.

Possiamo assegnare delle frequenze minime e massime basse dell'1% e 2% su un tempo di osservazione di qualche giorno (tempo di inclusione delle catene proteiche nella membrana), ovvero 0,01, anni ed un tempo limite di 1 anno (ciclo stagionale).

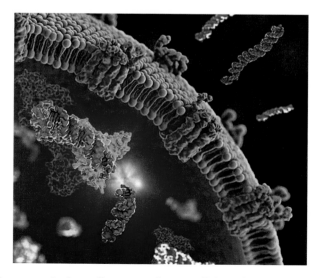

Fig. 10.14 Rappresentazione di una membrana cellulare. (Nastech)

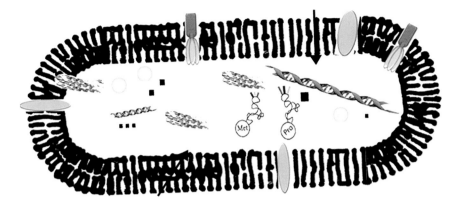

Fig. 10.15 I processi metabolici delle tappe precedenti si svolgono ormai tutti in un'unica sacca, la cui superficie non si fonde più con le altre. (IJA 14/06/2023 Mieli, Valli, Maccone)

Fase 9

a_9	b_9	ΔT_9	ΔT_9
0,01	0,02	0,01	1

La decima fase; l'emergenza del codice genetico

Una volta istauratisi i processi descritti nelle fasi precedenti, resta ancora un passaggio fondamentale prima di ottenere un essere vivente: l'emergenza del codice genetico, cioè le combinazioni appropriate di tre nucleotidi (Fig. 10.16) capaci di indicare specificamente gli amminoacidi da aggiungere alla catena proteica nella protocellula vista precedentemente.

È in questo modo che la funzione principale del "programma" (chi dice cosa fare e quando) costituito dal DNA può esercitare il suo operato. Ed è anche in questo modo che si può istaurare la coerenza nei processi chimici del sistema.

Come si arriva a realizzare questo passaggio? Per tentativi ed errori [62], i vari filamenti nucleici che favorisco le catene amminoacidiche che intervengono nel mantenimento e nella generazione di altre copie dei filamenti stessi, saranno favoriti e verranno perpetuati. Così, gradualmente, nella protocellula, una o alcune catene di DNA saranno in grado di produrre tutte le molecole necessarie alla loro duplicazione: queste catene si diffondono e ogni cambiamento capace di migliorare o velocizzare il processo è selezionato dall'evoluzione.

Con il compimento di quest'ultima tappa, siamo giunti a un sistema che è ormai in grado di soddisfare sia le condizioni di Ageno che le sei necessità indicate

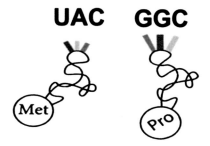

Fig. 10.16 Esempi di "traduzione" del codice genetico: a sinistra, il terzetto "Uracile-Adenina-Citosina" (UAC) codifica per l'amminoacido Metionina (Met); a destra, il terzetto "Guanina-Guanina-Citosina" (GGC) codifica per l'amminoacido Prolina (Pro). (IJA 14/06/2023 Mieli, Valli, Maccone)

da Lane, all'interno di un unico compartimento, ormai modificatosi rispetto alle sacche di partenza. Abbiamo finalmente ottenuto il nostro essere vivente.

In quest'ultimo caso, per quanto attiene la stima delle frequenze, ci troviamo di fronte a due ostacoli da superare: la formazione dei nucleotidi (da un gruppo fosfato, uno zucchero pentoso e una base azotata) e la loro combinazione in filamenti. Mentre il secondo processo sembra molto probabile, il primo non lo è altrettanto. Concentrandosi su questo, come nel caso precedente, possiamo assegnare delle frequenze minime e massime basse dell'1% e 2%, questa volta però su un tempo di osservazione di 5 anni ed un tempo limite di 20.

Fase 10

a_{10}	b_{10}	ΔT_{10}	ΔT_{10}
0,01	0,02	5	20

Prima di concludere facciamo presente che questa fase può essere invertita con la precedente. Infatti, l'emergenza del codice genetico, l'ultimo passo verso la costituzione dell'essere vivente, può essersi prodotta quando il sistema era ancora diffuso all'interno di tutte le sacche, o di più di esse.

Quale è l'ordine corretto? È difficile dirlo con precisione. Confinando l'ultimo passo in una sola "sacca" e lasciando ad essa il compito di effettuare la transizione tra non vivente e vivente, ci assicuriamo che tutti i discendenti avranno lo stesso codice genetico, come è il caso di tutti degli organismi attuali sulla Terra. Non sappiamo se nel passato siano esistiti più codici genetici diversi né quale possa essere stato il loro impatto sull'evoluzione e l'interazione degli esseri viventi. Ritorneremo sul problema in seguito, prima di affrontare l'evoluzione ulteriore del sistema.

Facciamo notare, tuttavia, che l'inversione pura è semplice di due o più fasi, senza alcuna modifica dei diversi valori attribuiti nelle diverse tappe, non cambia il valore finale della probabilità ottenuta dall'algoritmo di Maccone, proprio per le proprietà matematiche intrinseche dell'algoritmo stesso.

Valutazione delle probabilità al passaggio di ogni tappa.

Abbiamo così ottenuto i **40** valori in ingresso del passo 1 riportato in Tab. 10.1.

ΔT_0, come già scritto è la somma dei ΔT_{0j} e rappresenta il medio periodo; mentre il lungo periodo limite ΔT è fissato da noi in circa **100000000** di anni.

Per concludere, alla fine del nostro percorso, abbiamo trovato, tramite la lognormale Φ, una probabilità di realizzare un intero ciclo del passaggio dal non vivente al vivente, nel medio periodo $\Delta T_0 \sim 1000000$ anni, pari a circa lo **0,7%**, (Fig. 10.17).

Questo valore, applicando la regola di trasformazione delle probabilità descritta per le *fasi* (*covarianti col tempo*), ovvero:

$$p_A = 1 - (1 - p_{A0})^n$$

Tab. 10.1   4° Drake: i 40 valori delle frequenze minime e massime a_j e b_j, il tempo di osservazione ΔT_j e il tempo di microcatastrofe ΔT_{0j}, per ogni fase descritta nella sezione precedente. (IJA 14/06/2023 Mieli, Valli, Maccone)

Fase	Descrizione	a_j	b_j	ΔT_j	ΔT_{0j}
1	La sintesi abiologica delle molecole biologiche	0,90	1,00	1000000,00	1000000
2	La concentrazione del brodo primordiale	0,05	0,15	100,00	10000
3	La formazione delle sacche lipidiche	0,90	1,00	0,10	10
4	L'inclusione della clorofilla nelle membrane lipidiche	0,10	0,20	1,00	10
5	La "fotopompa per protoni"	0,10	0,20	0,01	10
6	La formazione dei filamenti di acido nucleico	0,02	0,03	0,01	1
7	Il ruolo catalitico dell'RNA	0,90	1,00	0,10	1
8	Determinazione dei ruoli	0,20	0,30	100,00	100
9	Formazione membrana cellulare	0,01	0,02	0,01	1
10	L'emergenza del codice genetico	0,01	0,02	5,00	20

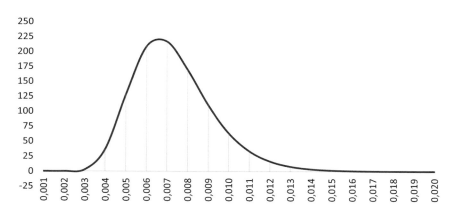

4° Drake: distribuzione lognormale Φ della frazione X_0

Fig. 10.17 4° Drake: la distribuzione lognormale Φ del processo nel medio periodo ΔT_0: il valor medio è $7{,}31 \cdot 10^{-3}$, la deviazione standard è di $1{,}95 \cdot 10^{-3}$. (IJA 14/06/2023 Mieli, Valli, Maccone)

si traduce, nel lungo periodo $\Delta T \sim 100000000$ anni, in una probabilità media dell'insorgenza della vita sulla Terra pari a:

$$f_l = 52\%$$

compresa tra i due valori minimo e massimo

$$f_{l\,min} = 32\% \quad e \quad f_{l\,max} = 66\%$$

Drake 4

fl_{min} fl_{max}

$3{,}2 \cdot 10^{-1}$ $6{,}6 \cdot 10^{-1}$

11

Considerazioni sul quarto parametro

Sebbene il nostro lavoro possa essere considerato solo preliminare – e certamente contiene elementi e condizioni che dovranno essere rivisti alla luce delle scoperte scientifiche fatte nei prossimi anni – possiamo già riconoscere alcuni risultati interessanti.

Innanzitutto, abbiamo trovato un valore della probabilità dell'insorgere della vita nell'arco di **100 Ma** che, rispetto a quello che ci si poteva aspettare, è dell'ordine di **0,5** ovvero decisamente alto (peraltro uguale al valore inserito da Maccone, nel 2008, nella sua equazione statistica di Drake). Quindi non abbiamo bisogno di invocare un *principio antropico* per giustificare la nostra presenza come osservatori del fenomeno della vita sulla Terra (un ragionamento del tipo: la vita nell'universo è rarissima, ma visto che io esisto e rappresento la vita, la probabilità è comunque diversa da zero), ma possiamo rientrare nel *principio di mediocrità* che asserisce che la Terra, e noi con essa, non è un punto privilegiato e noi non lo siamo *neanche come osservatori*. Questa conclusione era tutt'altro che scontata anche se, da recenti osservazioni paleontologiche, già serpeggiava il sospetto che la vita nel nostro pianeta si fosse formata non appena ne avesse avuto la possibilità, qualche decina di milioni di anni dopo lo stabilizzarsi del pianeta [19, 84].

Non solo, il metodo di Maccone di suddividere il problema in più problemi singolarmente aggredibile dal punto di vista matematico-statistico, rende il fenomeno dell'insorgere della vita meno oscuro o, quantomeno, parzialmente governabile: è ovvio che i valori di frequenza attribuiti alle fasi e le fasi stesse possono essere migliorati e ridefiniti (noi ci auguriamo che in futuro lo siano), ma quello che conta è che l'algoritmo dia una risposta coerente con i dati inseriti. Sarebbe interessante, esplorare la probabilità ottenuta utilizzando un differente modello – ad esempio quello di Lane o altri ancora – per il passaggio dal non vivente al vivente, ma questo va al di là degli scopi del nostro volume.

© The Author(s), under exclusive license to Springer Nature Switzerland AG 2025
E. Mieli, A. M. F. Valli, C. Maccone, *La galassia vivente*,
https://doi.org/10.1007/978-3-031-65654-5_11

In ultimo vogliamo far notare che non c'è alcuna preclusione ad utilizzare questo approccio non solo a pianeti del tutto simili alla Terra, ma anche a situazioni che se ne discostino un po' senza precludere la possibilità di insorgenza della vita: stiamo pensando ad alcune situazioni vicine a noi come il sesto satellite di Saturno, Encelado, che potrebbe presentare condizioni favorevoli alla vita sotto la sua crosta ghiacciata. Ma stiamo pensando anche a situazioni meno vicine a noi come gli esopianeti di tipo terrestre posizionati nella zona di abitabilità della loro stella come il sistema Trappist-1 a **40 al** da noi; in tali situazioni potremmo avere pianeti con rotazioni sincrone (rotazione uguale alla rivoluzione) o super-terre di massa superiore di **10** volte quella della Terra.

Per finire è necessario far notare, una volta di più, che per ora ci siamo occupati dell'emergenza della vita nella sua forma più basica, unicellulare e procariotica. È sotto questa forma che, con le opportune condizioni iniziali (pianeta adatto, ecc.), le probabilità che la vita si evolva risultano importanti. Ma, attenzione, ne restano esclusi gli animali, le piante e tutti gli organismi eucariotici, cioè tutti quegli esseri derivati da un'associazione simbiotica tra diverse cellule procariote. Tale processo, avvenuto sulla Terra, sarà l'argomento della prossima sezione.

Prima di procedere oltre, tuttavia, resta un'ultima considerazione. Abbiamo visto che, su un pianeta con opportune caratteristiche, secondo il nostro modello, la vita s'istaura rapidamente e con una probabilità importante. Tutti i discendenti della protocellula che abbiamo seguito precedentemente avranno lo stesso codice genetico.

Ricordiamo che, sulla Terra, *Tutti* gli esseri viventi discendono da un progenitore comune, il famoso LUCA (Fig. 11.1) di cui abbiamo già parlato. Infatti, possiedono tutti gli stessi nucleotidi e lo stesso codice genetico, gli stessi amminoacidi essenziali e tutti sintetizzano le loro proteine a partire dallo stesso tipo di strutture, i ribosomi. Il modello basato sull'antenato comune è molto più probabile che non il migliore schema ottenuto a partire da un'origine multipla.

Ma ciò costituisce il caso generale oppure è possibile che, su un astro particolare, in diverse lagune o a partire da situazioni differenti, la vita possa apparire indipendentemente più di una volta? Il modello utilizzato non si oppone assolutamente a tale ipotesi. Nondimeno, bisogna tener presente che una volta che un essere vivente, dotato delle caratteristiche appropriate, fa la sua apparizione, comincerà a riprodursi, evolvendosi secondo le regole dell'evoluzione biologica e colonizzando tutti gli ambienti disponibili. In questo modo, inizia a consumare tutte le risorse, in particolare le molecole biologiche presenti, sottraendole agli altri processi di produzione degli esseri viventi che non potranno, dunque, essere portati a termine.

Tuttavia, è teoricamente possibile che la vita prenda forma a partire da due lagune situate in luoghi diametralmente opposti del pianeta. In ogni caso, i discendenti del primo ceppo apparso, oppure quelli del più rapido a diffondersi e a colonizzare il pianeta, prima o poi, entreranno in concorrenza con quelli del

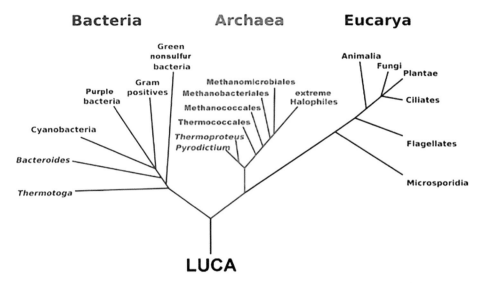

Fig. 11.1   Albero filogenetico che lega tutti i principali gruppi, batteri, archei, e eucarioti, a LUCA. (Chiswick Chap)

secondo. Allora, tenderanno a farli sparire. È probabile che in pochi milioni di anni, i discendenti del primo gruppo saranno i soli abitanti del pianeta. Oppure avranno rilegati gli altri a ruoli assolutamente marginali.

Vedremo, infatti, l'importanza che il gioca il fatto che, per le fasi successive, gli esseri viventi che interagiscono sul pianeta in esame, siano *Tutti* discendenti di un unico progenitore e che abbiano, dunque, tutti le stesse caratteristiche principali, in particolar modo, lo stesso codice genetico.

12

5° Drake: la probabilità di vita intelligente f_i

Nel 5° parametro, vista la complessità, ci troviamo subito a dover dividere il processo in almeno tre grandi macrointervalli:

Macrointervallo A la comparsa della cellula eucariotica
Macrointervallo B la comparsa degli animali (i metazoi)
Macrointervallo C la comparsa della civiltà intelligente (CET)

Ogni macrointervallo sarà suddiviso in diverse fasi, come fatto per il quarto parametro. La differenza sostanziale è sulle scale temporali delle catastrofi: dato che la vita, una volta formata, è decisamente più resistente rispetto agli ambienti biochimici che l'hanno preceduta, i tipici tempi di microcatastrofe ΔT_j sono ora dell'ordine dei **100000** anni, mentre quelli di macrocatastrofe ΔT_{0j}, dell'ordine del **mezzo miliardo** di anni. Le fasi che dividono i tre macrointervalli sono le seguenti:

Macrointervallo A
- l'evoluzione di un batterio aerobio
- l'incontro ospite-simbionte
- la formazione dei pori e la fuoriuscita delle estensioni citoplasmatiche
- l'"avvolgimento" dei simbionti e la sparizione della parete cellulare dell'ospite
- la "penetrazione" dei simbionti nel citoplasma
- la migrazione del DNA dal genoma del simbionte a quello dell'ospite
- l'acquisizione della membrana citoplasmatica eucariotica
- l'inglobamento in un solo rivestimento e la fagocitosi

© The Author(s), under exclusive license to Springer Nature Switzerland AG 2025
E. Mieli, A. M. F. Valli, C. Maccone, *La galassia vivente*,
https://doi.org/10.1007/978-3-031-65654-5_12

Macrointervallo B

- l'acquisizione di un ciclo di vita complesso
- l'aggregazione delle zoospore e la formazione dello synzoospore
- la colonia sedentaria composta da cellule differenziate
- la produzione del collagene

Macrointervallo C

- l'aumento delle dimensioni dei metazoi (con l'acquisizione dei sistemi nervoso e vascolare)
- lo sviluppo degli arti
- la conquista della terraferma
- la differenziazione degli animali terrestri
- l'acquisizione della socialità
- l'acquisizione della stazione eretta e della manualità
- il cambio della dieta e la crescita dell'encefalo
- l'organizzazione dell'encefalo sul pensiero astratto
- la nascita del linguaggio articolato e della tecnica

Il punto di partenza; le condizioni di stabilità di un pianeta

Perché la vita così come noi la conosciamo possa sostentarsi è necessario che sia presente l'acqua, soprattutto nella sua forma liquida. Tale sostanza può essere scomposta nei suoi elementi costituenti, idrogeno e ossigeno, dalle radiazioni ionizzanti provenienti dal Sole. Per bloccarle, è necessario la formazione, nell'atmosfera, di uno strato protettore come quello dell'ozono (O_3). Questa forma molecolare è il prodotto dall'ossigeno comune (O_2) che reagisce ai principali raggi elettromagnetici solari che così vengono schermati.

Paradossalmente, l'ossigeno derivante dalla scomposizione dell'acqua non concorre alla formazione dello strato di ozono, perché il fenomeno di idrolisi è molto lento e il gas liberato viene sequestrato dall'ossidazione dei minerali presenti nell'ambiente. Per poter formare O_3, le molecole d'ossigeno devono poter stazionare un tempo sufficiente nell'atmosfera; per questo, la loro produzione deve essere regolare e abbondante. Il solo processo che permette una produzione abbondante e regolare di questo gas è la fotosintesi effettuata dalle piante clorofilliane e dai cianobatteri [95]. Ma produrre l'ossigeno non basta; il pianeta deve avere una massa sufficiente per trattenere le molecole di tale gas, senza che vengano disperse nello spazio. Una massa planetaria sufficiente è proprio una delle condizioni iniziali evocate nella sezione precedente di questo lavoro relativa al 4° parametro.

Ritorneremo in seguito su tale questione, ma ricordiamo che, se l'acqua svanisse, nessuna forma di vita sarebbe possibile e, per questo, è necessario bloccare la sua idrolisi prima che sia troppo tardi. Tuttavia, se queste condizioni erano sufficienti per l'insorgenza della vita, vedremo che non bastano più per le condizioni che vogliamo affrontare adesso. Infatti, dobbiamo accertarci che l'esistenza stessa del pianeta sia sufficientemente lunga per assicurare all'evoluzione biologica il raggiungimento del livello che ci interessa. Ora, da quanto visto per il 3° parametro, tali tempi si misurano in vari miliardi di anni; l'età della Terra è infatti di **4,54 ± 0,05**. Alla fine della sezione, riassumeremo le informazioni che ci vengono a partire dal 3° parametro in poi per stabilire il numero di pianeti sufficientemente stabili per lo sviluppo della vita in ogni suo stadio, dal più primitivo fino alla civiltà galattica.

13

Macrointervallo A: Il passaggio cruciale; l'insorgenza della cellula eucariotica

I procarioti attuali comprendono gli archei e tutti i batteri. Si tratta di organismi microscopici, notevolmente più piccoli degli eucarioti: nonostante l'esistenza di batteri "giganti", gli organismi a cellula eucariotica hanno in media un volume **15000** volte maggiore dei procarioti. Questi ultimi, comunque, nonostante siano più piccoli, sono numerosissimi e sono diffusi dappertutto: rappresentano la parte la più consistente della biodiversità terrestre [31, 83].

La diversità dei procarioti non si basa sulla morfologia, ma sul loro metabolismo. L'insieme delle differenze metaboliche di cui fanno sfoggio le piante, gli animali, i funghi e tutti gli altri organismi eucariotici, non sono nulla al confronto del pannello di processi differenti presentato da batteri e archei. Questi ultimi, una volta, erano semplicemente considerati come procarioti specializzati nella colonizzazione degli ambienti estremi, dove le condizioni di vita risultano (secondo i nostri standard), se non impossibili, per lo meno molto difficili (sorgenti termali a temperature elevate, ecosistemi ipersalati, ambienti anossici). In realtà, gli archei sembrerebbero essere presenti nella maggioranza degli ambienti esistenti sul nostro pianeta [6].

D'altro canto, i batteri sono gli organismi che presentano la più grande diversità metabolica. Alcuni sono capaci di convivere con gli archei ipertermofili, mentre altri eseguono lo stesso tipo di fotosintesi effettuato dalle piante clorofilliane, con liberazione di O_2. Esistono batteri che non sopportano questo gas, mentre altri crescono benissimo in sua presenza. Ne esistono perfino alcuni che sono capaci di produrre l'energia di cui hanno bisogno grazie alla riduzione dell'uranio. Infine, per sottolineare le sorprendenti capacità di alcuni rappresentanti di tale gruppo, ricordiamo *Rubrobacter radiotolerans* [22], uno degli organismi più resistenti alle radiazioni gamma: può tollerare dosi migliaia di volte superiori a quelle necessarie per uccidere un uomo. Sembra, inoltre, che esistano vari ceppi

E. Mieli, A. M. F. Valli, C. Maccone, *La galassia vivente*, https://doi.org/10.1007/978-3-031-65654-5_13

microbici, appartenenti tanto ai batteri che agli archei, che presentano alte tolleranze alle radiazioni.

Gli eucarioti non possono competere con i procarioti sul loro stesso terreno. Tuttavia, questi organismi, grazie alle loro capacità e proprietà, occupano nicchie ecologiche precluse a batteri e archei. La cellula eucariotica differisce da quella procariotica (Fig. 13.1) per la presenza di caratteristiche peculiari:

- possiede un **nucleo** a doppia parete, in cui è contenuto (quasi tutto) il DNA cellulare, organizzato sotto forma di cromosomi;
- contiene degli **organelli cellulari** aventi materiale genetico non presente nel nucleo e membrane interne;
- è dotata di uno **citoscheletro** (scheletro cellulare) dinamico, formato principalmente da filamenti costituiti dalla proteina actina, che sostiene la membrana e che ne consente la deformazione (gli eucarioti, all'origine, non possedevano una parete cellulare, benché certe linee filetiche, come i vegetali, ne abbiano successivamente evoluta una);
- infine, possono sviluppare tutta una serie di comportamenti complessi, comprendenti tra l'altro, la **fagocitosi** (persa negli eucarioti con parete cellulare), la **sessualità** e l'aggregazione in **organismi multicellulari**.

Una cellula eucariotica possiede, normalmente, una quantità di geni nettamente superiore a quelli di una procariotica: il più grande genoma batterico contiene **12** megabasi [**Mbp**] (una base [**bp**] è una coppia di acidi nucleici appaiati; una megabase [**Mbp**] indica un milione di coppie di basi) di DNA, mentre quello umano possiede **3000 Mbp** – e certi eucarioti arrivano sino a **100000 Mbp** [59]. Proprio la capacità di gestire strutture e processi complessi, ottenuta grazie a una poderosa collezione di proteine che ne mediano la messa in opera, sembra essere la grande differenza tra gli eucarioti e i procarioti. Infatti, teoricamente, le diverse caratteristiche "eucariotiche" sembrano tutte avere i loro precursori procariotici, ma questi ultimi non compiono mai il passo decisivo verso la complessità [27].

Per meglio comprendere in cosa consista questa complessità, vediamone qualche esempio tipico. Cominciamo con la sessualità; nel registro fossile, la più antica testimonianza conosciuta è *Bangiomorpha pubescens* [11], un'alga rossa, ritrovata nei sedimenti dell'Artico canadese attualmente datati a poco più di **1 miliardo** di anni (**Ga**) [35, 54]. Anche se non sappiamo esattamente se il primo organismo eucariotico comparso fosse in grado di riprodursi sessualmente, sembra invece evidente che il più antico antenato di tutti gli eucarioti attuali lo fosse. Nessun organismo procariotico, invece, possiede un ciclo sessuale, nonostante alcuni siano in grado di trasmettersi del materiale generico, per trasferimento orizzontale dei geni.

Riguardo alla costituzione di organismi multicellulari, benché si conoscano dei batteri capaci di associarsi e di formare filamenti, nessun organismo procariotico

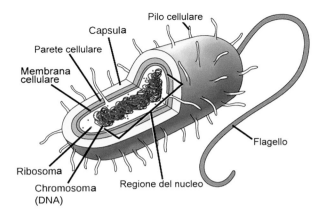

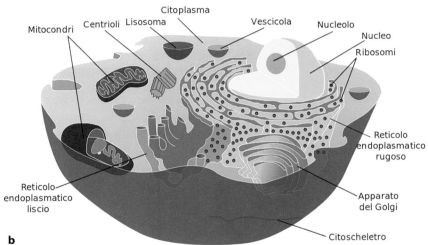

Fig. 13.1 Confronto tra una cellula procariotica (**a**) e una cellula eucariotica animale (**b**), con gli elementi tipici delle due cellule indicati sulla figura. Le differenze principali tra batteri e archei risiedono a livello della membrana cellulare. Le due cellule non sono in scala: la cellula procariotica è circa delle dimensioni dei mitocondri indicati nella cellula eucariotica. (Giac83)

è in grado di formare aggregati capaci di comportarsi in maniera così coordinata da formare un individuo completo.

Infine, come già indicato all'inizio del paragrafo, gli eucarioti unicellulari sono più grandi dei procarioti, anche se esistono delle eccezioni. Esistono dei batteri giganteschi, ma se ne conoscono, in totale, solamente un pugno di forme. *Epulopiscium fishelsoni* e *Thiomargarita namibiensis*, per esempio, sono dei veri titani: le loro dimensioni li rendono visibili a occhio nudo (infatti, raggiungono i decimi di millimetro), eccedendo la taglia di molti organismi eucariotici unicellulari! Cosa permette a questi organismi di raggiungere una tale taglia? La loro particolarità è quella di poter avere molte copie (fino a diverse migliaia) del loro genoma relegate nella periferia, prossime alla parete cellulare, mentre la maggior parte del citoplasma è metabolicamente inattiva [76]. Questi accorgimenti permetterebbero loro di poter sopravvivere nonostante le dimensioni eccessive. In ogni caso, questa strategia si rivela un *cul-de-sac* evolutivo, perché non si traduce in alcun comportamento complesso da parte di questi procarioti.

Detto questo, come spiegare le differenze tra questi due tipi di cellule? Come giustificare le *performances* degli eucarioti rispetto a quelle dei procarioti? Attenzione, questi ultimi organismi non sono affatto inferiori o meno evoluti dei precedenti (basta pensare al fatto che presentano un ventaglio di metabolismi talmente diversificati che possono trovarsi assolutamente dappertutto). Semplicemente, gli eucarioti si sono evoluti per occupare nicchie ecologiche precluse ai batteri e agli archei. Come hanno fatto?

La cellula eucariotica come simbiosi tra procarioti

La risposta risiederebbe nella genesi della unità eucariotica, derivante da un'associazione simbiotica tra procarioti e, più particolarmente, tra un archeo e un batterio [4, 18, 71]. Certi specialisti pensano addirittura che i virus siano stati implicati nella formazione del nucleo del nuovo tipo di cellula. In ogni caso, la maggior parte degli autori è ormai d'accordo nel ritenere gli eucarioti delle vere e proprie "chimere", ottenute da più di un essere vivente. Ma per poter ottenere una simbiosi di questo tipo – più esattamente, un'endosimbiosi, in cui vari simbionti vivono all'interno della cellula ospite – è necessario che i soggetti interessati al processo posseggano lo stesso codice genetico, in modo da comprendere le stesse istruzioni contenute nei geni. Per questo si è insistito, nel paragrafo precedente, sull'importanza della discendenza dallo stesso antenato nell'evoluzione successiva.

Ma torniamo al nostro discorso principale. Tutti gli eucarioti attuali possiedono degli organelli, limitati da una doppia membrana, che derivano da procarioti simbiotici: i **mitocondri** e i **plastidi**. Questi ultimi sono presenti solo negli organismi fotosintetici, come le piante verdi, in quanto essenziali per tali processi. L'acquisizione di tali organelli è stata accompagnata da un trasferimento di geni dal genoma del simbionte verso quello dell'ospite, fenomeno che si produce sempre in Tutte le endosimbiosi. I mitocondri, in particolare, sarebbero derivati da un'unica forma di batterio facente parte del gruppo degli *alpha-proteobacteria*, fatto che stabilisce l'origine unica di tale organello. **Sarebbe stata proprio la sua acquisizione a sancire la nascita della cellula eucariotica** [72]. Infatti, tutti gli eucarioti attuali possiedono i mitocondri, tranne le poche forme che li hanno trasformati o che li hanno persi, conservando, però, alcuni geni caratteristici nel loro nucleo [118]. In ogni caso, si ritiene che l'antenato comune a tutti gli eucarioti avesse un mitocondrio.

Ma che vantaggio conferisce questo organello? Il fatto di respirare O_2 è sufficiente a giustificare le *performances* eucariotiche? La respirazione aerobica (l'ossidazione – una vera e propria combustione – dei nutrimenti da parte di O_2) è più vantaggiosa di quella anaerobica, almeno **6** volte di più. Tuttavia, la presenza d'ossigeno aumenta i costi di produzione proteica (ricordiamoci che gli esseri viventi si sono formati in un ambiente anossico, cioè privo di ossigeno allo stato libero). La presenza di tale gas incrementa di **13** volte le spese di produzione della proteina, rispetto alla sua assenza. Inoltre, in vari batteri, i processi metabolici aerobici si sviluppano molto più velocemente che nel mitocondrio. Quindi, il vantaggio non sembra legato solamente alla respirazione di O_2. In realtà, il beneficio conferito da quest'organello risiede nella capacità di aumentare enormemente l'**energia disponibile per gene**: con il termine "energia per gene" si indica il costo necessario all'*espressione genica*: il costo per produrre le proteine e gli altri componenti cellulari. Aumentando l'energia per gene – e la presenza dei mitocondri permette alla cellula eucariotica un incremento compreso tra i **4** e i **6** ordini di grandezza – si accresce la quantità di energia che può essere devoluta all'*espressione genica*, quindi aumenta anche il numero di geni che una cellula può gestire. E più geni ci sono, più la cellula diventa capace di processi e comportamenti "complessi". Ricordiamo che il genoma eucariotico comprende un numero molto più elevato di geni di quello procariotico.

Vediamo di quantificare meglio quanto detto. A partire da basi sperimentali, è possibile valutare il tasso metabolico medio di un batterio in crescita normale: il suo valore è di circa **0,19 W/g**. Siccome la sua massa è di **2,6 · 10^{-12} g**, la potenza totale della cellula sarà data dalla formula seguente:

$$0,19 \times 2,6 \cdot 10^{-12} = 0,49 \cdot 10^{-12} \text{ W}$$

Se consideriamo un protozoo (un essere unicellulare eucariotico), abbiamo un tasso metabolico medio di circa **0,06 W/g**, ma una massa ben maggiore, di **4 · 10^{-8} g**. La potenza totale della cellula sarà data allora da:

$$0,06 \times 4 \cdot 10^{-8} = 2400 \cdot 10^{-12} \text{ W}$$

A partire da tali valori, conoscendo il numero dei geni contenuti nel DNA del batterio (**5000**) e del protozoo in questione (**20000**), possiamo calcolare l'energia disponibile per gene per i due organismi:

- **batterio:** $0,49 \cdot 10^{-12}/5000 \cong$ **10^{-16} W/gene**
- **protozoo:** $2400 \cdot 10^{-12}/20000 =$ **1200 · 10^{-16} W/gene**

È facile accorgersi che, nel caso particolare, la cellula eucariotica possiede un'energia disponibile per gene che è di circa **1200** superiore a quella della cellula procariotica. Utilizzando i tassi metabolici, le masse e la taglia dei genomi di altri organismi, si possono trovare volari anche più grandi per gli organismi eucariotici.

Non è la taglia a spiegare le performance degli eucarioti, ma sono le loro capacità che permettono loro di raggiungere certe dimensioni. Facciamo un esempio pratico per semplificare meglio la differenza tra gli organismi procariotici e quelli eucariotici. Immaginiamo che, per un pranzo nuziale, si vogliano preparare dei tortellini con un particolare ripieno di carne e una salsa speciale per **30** convitati. Chi sarà più efficiente? Un'equipe di tre cuochi specializzati (uno per la pasta dei tortellini, un altro per il ripieno di carne e l'ultimo per la salsa) o un solo cuoco che prepara il piatto nella sua integralità? È facile rendersi conto che l'equipe di tre persone, in cui ogni fase del lavoro è svolta separatamente (decentralizzazione), produrrà più rapidamente ed efficacemente, ovvero con minor sprechi, un gran numero di porzioni rispetto a chiedere a uno solo chef di fare tutto il lavoro. L'affermazione resta valida anche nel caso che considerassimo molti più cuochi (10, per esempio). Infatti, la divisione e la specializzazione del lavoro sono caratteristiche che permettono di ottimare i risultati.

Ricordiamoci dei batteri giganti, con varie copie del loro genoma distribuite in prossimità della membrana cellulare e la parte centrale del citoplasma inerte. Per poter produrre più energia ci vuole una superfice efficace più grande (nel caso dei batteri si tratta dell'intera superficie della membrana cellulare). Ma una superficie più grande richiede anche più geni per gestirla e fabbricarla (nel caso dei batteri, si duplica l'intero patrimonio genetico, costituito da un unico cromosoma). Tuttavia, tutti questi geni richiedono dell'energia, per essere gestiti. Inoltre, aumentando la superficie aumenta anche il volume citoplasmatico, che anche lui richiede dell'energia per essere gestito. I procarioti giganti hanno trovato una soluzione per aumentare le loro dimensioni, ma nella sostanza, l'energia disponibile per gene non cambia rispetto a quella disponibile per un batterio di dimensioni standard. Quindi, dal punto di vista evolutivo, non si tratta di un miglioramento, tutt'altro ...

Invece, la cellula eucariotica aumenta sì le sue dimensioni, ma non possiede n copie dell'intero genoma: essa decentralizza la produzione energetica nei vari mitocondri (ognuno dei quali utilizza come superficie efficace quella della membrana che lo delimita), i quali, a loro volta trasferiscono il loro genoma in quello del nucleo, tranne i geni strettamente necessari al controllo del funzionamento della catena redox di produzione energetica (si valuta che i mitocondri conservino solo l'**1%** circa de loro genoma originario stimato) [40]. In questo modo, i vari componenti della cellula eucariotica si ripartiscono i compiti: il nucleo conserva il genoma e lo replica, il citoplasma si riserva la produzione del materiale cellulare e i mitocondri, che non devono praticamente più occuparsi di sintesi proteica, si consacrano esclusivamente alla produzione energetica, aumentando l'efficienza e facendone approfittare l'intero organismo. In questo caso, all'aumento dell'energia dovuto all'incremento della superficie efficace di produzione (l'insieme di tutte le membrane mitocondriali), non deve essere sottratta una parte equivalente dovuta alla moltiplicazione del codice genetico: di questo ne basta una copia, gestita correttamente, all'interno del nucleo (più qualche gene necessario per la gestione della catena redox in ogni mitocondrio). l'energia disponibile per gene risulta effettivamente più grande per questo tipo di organismo!

Ricapitoliamo: gli eucarioti derivano da un'associazione simbiotica tra un archeo e un batterio (quest'ultimo diventerà il mitocondrio). Attualmente, si pensa che il batterio simbionte fosse un aerobio facoltativo, capace comunque di respirare O_2, quando presente, ma dotato anche di metabolismo anaerobio, in assenza di questo gas. Il consumo di O_2, dunque, è presente sin dai primi passi dell'insorgenza degli eucarioti e questo fatto sottolinea l'importanza di tale gas nell'evoluzione degli esseri viventi. A questo proposito, basta ricordare quanto abbiamo già detto sullo strato di ozono (O_3), che ci protegge dall'energia ionizzante (sufficiente a separare gli elettroni dall'atomo) proveniente dallo spazio e ci permette di vivere sulle terre emerse. Senza ossigeno libero, non solo l'acqua sarebbe scomposta nei suoi elementi fondamentali, ma l'evoluzione degli esseri viventi ne sarebbe stata profondamente sconvolta. Infatti, il livello di O_2 influisce sulla sintesi del **colesterolo** [107], molecola indispensabile presente nella membrana cellulare di Tutti gli animali. Non a caso l'insorgenza della cellula eucariotica è posteriore al *Great Oxidation Event* (GOE), prodottosi intorno tra **2,4** e **2,1 Ga** [64]. Tale evento segnala la presenza di O_2 libero nell'ambiente, come testimoniato dalla formazione geologica di strati ricchi di ossidi di ferro, i *Red Beds*. Insomma, l'importanza di questo gas per i primi eucarioti e i loro discendenti non è più da dimostrare.

Sebbene sia riportato qualche raro caso di batteri presenti all'interno di altri procarioti, l'associazione simbiotica che permette l'insorgenza degli eucarioti è considerato un **evento unico** (anche se un organismo recentemente scoperto ha risollevato la questione) o **estremamente improbabile**. Infatti, si fa notare che l'insorgenza degli eucarioti, posta tra i **2,1 Ga** e i **1,6 Ga** [49], si produce dopo più di **1,5** miliardi di anni dall'apparizione dei procarioti, avvenuta intorno a **3,7 Ga**, o anche prima [24, 89]. Durante questo lungo lasso di tempo, gli eucarioti sono assenti, mentre si differenziano abbondantemente batteri e archei [98].

Nonostante ciò, noi vogliamo interrogarci, in questa sede, sulla possibilità che il tempo di insorgenza degli eucarioti possa essere stato influenzato da parametri diversi rispetto alla presunta improbabilità del fenomeno simbiotico. Per esempio, uno dei fattori chiave potrebbe essere semplicemente il tempo necessario al raggiungimento di un certo tenore di O_2 nell'ambiente, senza il quale l'associazione non sarebbe avvenuta.

Ma perché, allora, tutti gli eucarioti discendono da un unico antenato e, in seguito, non si sono più registrate altre simbiosi di questo tipo, pur essendoci una relativa abbondanza di O_2 nell'ambiente? Non abbiamo risposta definitiva a questa domanda. La sola che ci viene in mente è che, avendo funzionato perfettamente la prima volta, gli eucarioti hanno via via occupato tutte le nicchie disponibili, limitando la competizione e impedendo che il fenomeno si ripetesse o limitandolo fortemente (ricordiamoci di quanto detto relativamente al passaggio dal non vivente al vivente e alla discendenza di tutti gli esseri viventi attuali a partire da un solo antenato).

Il modello Inside-out per l'insorgenza della cellula eucariotica

A causa della presenza di una parete rigida, i procarioti (siano essi batteri o archei) poco si prestano a essere "colonizzati" da altri microorganismi. Come risolvere dunque il problema dell'associazione di un archeo con batteri endosimbionti?

Un modello recente, chiamato *Inside-out*, sarebbe in grado di fornire una risposta interessante e originale al problema di un'associazione simbiotica tra un archeo e un batterio e permetterebbe di spiegare in maniera più dettagliata l'insorgenza della cellula eucariotica.

Gli autori Baum e Baum [7, 8] propongonoo che non siano i batteri a penetrare all'interno della parete dell'archeo, ma che quest'ultimo sia in grado di produrre, attraverso appositi pori, omologhi a quelli della membrana nucleare degli eucarioti, delle escrescenze citoplasmatiche, che, col tempo, possano avvolgere i microorganismi associati e stazionanti sulla sua parete (Fig. 13.2a).

Sempre secondo tale modello, le escrescenze ricoprirebbero tutto l'organismo, avvolgendo la cellula dell'archeo (Fig. 13.2b), che di fatto, diventerebbe il "nucleo"

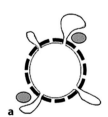 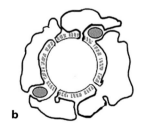 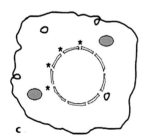

a   b   c

Fig. 13.2 Schema semplificato del modello dell'*Inside-out*: **a** le escrescenze fuoriescono da pori della parete (linea nera spessa) dell'archeo; **b** le escrescenze si sviluppano e cominciano ad avvolgere i batteri associati (i due ovali grigi), mentre la parete comincia a svanire; **c** il citoplasma ricopre completamente l'archeo e i batteri sono penetrati attraverso la membrana, trovandosi dentro: la struttura originale dell'archeo, ricoperto da una doppia membrana dotata di pori (4 di questi sono marcati da asterischi), diventerà il nucleo della nuova cellula. (IJA 14/06/2023 Mieli, Valli, Maccone)

del nuovo organismo, ricoperto da una membrana a doppio strato, derivante da quella originale più quella aggiunta dai lobi delle escrescenze. Pian piano, sparirebbe anche la parete dell'archeo, divenuta superflua. Infine, i batteri associati perderebbero la loro parete per ritrovarsi anche loro nel citoplasma protetti da una doppia membrana (Fig. 13.2c). Praticamente, i simbionti non entrerebbero all'interno dell'ospite, ma sarebbe il citoplasma, fuoriuscito, di quest'ultimo a ricoprirli.

Certi archei sono perfettamente capaci di generare protrusioni extracellulari [70]. Inoltre, come vedremo in seguito, il modello dell'*Inside-out* è perfettamente compatibile con le ipotesi fatte riguardo la possibile natura dell'ospite. Per questo, noi lo adotteremo per descrivere i passaggi che portano alla formazione della cellula eucariotica.

L'insorgenza della cellula eucariotica, fase per fase. Il punto di partenza; la liberazione dell'ossigeno e la sua diffusione nell'ambiente

Abbiamo visto l'importanza della concentrazione di O_2 per l'insorgenza delle cellule eucariotiche e l'evoluzione verso forme di vita intelligenti. Il solo processo che assicura la produzione d'importanti quantità di questo gas è la fotosintesi, un fenomeno puramente biologico. Ma allora, quando evolvono i primi organismi in grado di liberare O_2 grazie al processo di fotosintesi? Ricordiamo che solo al-

Fig. 13.3   Liberazione di ossigeno dai primi cianobatteri fotosintetici nei fondali bassi all'epoca del GOE (2,4–2,1 Ga). Powered by ⑧ OpenAI

cuni organismi fotosintetizzatori sono in grado di rilasciare O_2 al seguito di tale processo: si tratta delle piante clorofilliane e dei cianobatteri, che usano l'acqua, H_2O, come donatore di elettroni (Fig. 13.3).

Secondo M. Ageno, i primi organismi viventi non solo erano capaci di fotosintesi, ma liberavano addirittura O_2. Infatti, il fisico italiano sostiene che gli elettroni dovevano logicamente essere ottenuti da una sostanza assai comune in natura, l'acqua o H_2O, appunto. Per questo tipo di fotosintesi, sono necessari particolari pigmenti complessi, le clorofille. M. Ageno riporta che esperimenti di laboratorio come quelli realizzati da Stanley Miller hanno mostrato che la sintesi abiotica di tali molecole è perfettamente possibile.

Secondo altri specialisti, invece, i primi esseri viventi erano chemioautotrofi. Benché il GOE, si sia prodotto tra **2,4** e **2,1 Ga**, gli esperti credono che procarioti in grado di produrre O_2 (cianobatteri) fossero presenti, sul nostro pianeta, almeno a partire da **3 Ga**, anche se certi indizi, non sempre determinanti, fanno pensare che potessero esistere anche molto prima.

Tuttavia, non c'è contraddizione tra queste date, in quanto il processo di accumulazione di O_2 nell'ambiente è considerato un processo lento e contrastato da altri fenomeni. Resta che il tenore di tale gas nell'ambiente è diventato pari a **10^{-2}** volte circa il valore attuale solamente dopo i **2,5 Ga**, manifestandosi con la capacità di produrre i depositi chiamati *Red Beds*. Da notare che l'apparizione degli eucarioti è **posteriore** a tale evento.

La prima fase; l'evoluzione di un batterio aerobio

L'attuale teoria dell'insorgenza della cellula eucariotica prevede un'associazione simbiotica tra un archeo, l'ospite, e vari individui di un ceppo batterico, i simbionti. William Martin e Miklós Müller nel 1998 hanno fatto l'ipotesi che l'archeo ospite fosse un anaerobio, rigorosamente dipendente da H_2, mentre i batteri simbionti fossero in grado di respirare O_2 e producessero H_2 come prodotto metabolico di scarto. Tali comportamenti avrebbero garantito la complementarietà tra gli organismi (Fig. 13.4).

Dunque, era necessario un batterio aerobico, almeno parzialmente. Ma quando sono apparsi, per la prima volta, tali organismi? Le ricerche sugli strati precambriani hanno fatto molti progressi negli ultimi anni e hanno documentato una straordinaria varietà d'organismi durante i primi miliardi di anni del nostro pianeta. Non solo: è stato documentato, a circa **3,4 Ga**, un ecosistema complesso, comprendente microorganismi capaci di produrre acido solfidrico (H_2S) più altri organismi, costruttori di stromatoliti, dipendenti da tale sostanza che utilizzavano come donatore di elettroni per effettuare la fotosintesi.

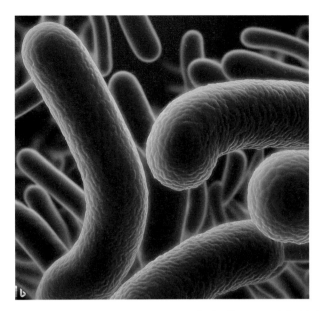

Fig. 13.4 Formazione dei prime procarioti aerobici all'epoca del GOE (2,4–2,1 Ga).
Powered by ⑨ OpenAI

Come si vede, già in epoca remota, i procarioti si erano differenziati e avevano costituito delle comunità complesse dove diverse nicchie ecologiche complementari erano state occupate. Con simili presupposti, data la versatilità metabolica dei batteri, è lecito pensare che, una volta che l'O_2 si fosse reso disponibile nell'ambiente, qualche ceppo microbico sia diventato capace di sfruttare tale gas come risorsa per produrre energia in qualche migliaio di anni al massimo: la probabilità è stimata tra 0,4 e 0,6 ogni 2000 anni con un tempo limite di microcatastrofe di 100000 anni.

Fase 1

a_1	b_1	ΔT_1	ΔT_{01}
0,4	0,6	2000	100000

La seconda fase: l'incontro ospite-simbionte

Occupiamoci adesso dell'organismo ospite. Attualmente, grazie a tutta una serie di omologie proteiche, si ritiene che gli eucarioti condividano un antenato comune con l'insieme di archei chiamato "Asgard archaea" (gli archei di Asgard) o, addirittura, che tale antenato si trovasse direttamente all'interno di tale gruppo [25, 63, 104].

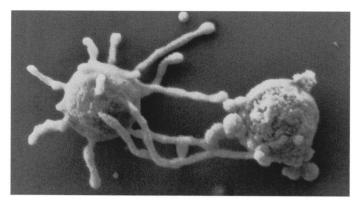

Fig. 13.5 Lokiarchaeota appartenente al set di archaea chiamato "Asgard archaea", probabile antenato comune con gli eucarioti. (Christa Schleper/Nature journal)

Gli archei di Asgard costituiscono un super-phylum conosciuto soprattutto grazie a materiale genetico ritrovato nell'ambiente. Nonostante questo, risultano essere degli organismi assai diffusi, i cui resti sono stati rinvenuti in sedimenti marini, lacustri e terrestri. Sono maggioritariamente anaerobi e principalmente diffusi nelle sorgenti idrotermali e/o in zone ricche di metano. Un ceppo sarebbe addirittura anaerobico e dipendente da H_2, i requisiti richiesti da Martin e Müller nel 1998 per l'ospite dell'associazione simbiotica. Risultano quindi gli organismi ideali per ricercarvi il protagonista archeo dell'insorgenza della cellula eucariotica.

Recentemente, inoltre, è stato descritto un microorganismo particolare, capace di sopravvivere soltanto grazie a una simbiosi con altri microbi, che appartiene a un phylum del gruppo degli archei di Asgard, quello dei Lokiarchaeota (Fig. 13.5), considerato prossimo agli eucarioti. Il procariote descritto – questa volta non si tratta di semplici analisi di sequenze geniche ritrovato nell'ambiente, ma dell'individuazione di un vero e proprio organismo atualmente esistente – possiede la capacità di generare escrescenze citoplasmatiche [46]. Questa capacità gli permette di facilitare gli scambi di materiale con i simbionti esterni. Dunque, alla luce di tutti questi fatti, il nostro approccio che consiste nell'utilizzazione dell'*Inside-out* appare legittimo.

Benché l'epoca di origine degli archei di Asgard non sia conosciuta, a partire dalla loro supposta diversità dovrebbe essere sufficientemente antica. Consideriamo, dunque, che il gruppo esistesse già al momento dell'apparizione di batteri aerobici, anche se, essendo costituito da procarioti maggioritariamente anaerobici, probabilmente, i due tipi di organismi vivevano, inizialmente, in ambienti differenti. Comunque, attualmente, si crede che il batterio simbionte fosse un aerobio facoltativo, capace di popolare gli ambienti frequentati dagli archei anaerobi.

Consideriamo quindi che un intervallo di 10000 anni sia più che sufficiente perché l'incontro abbia luogo e che l'associazione possa formarsi (le associazioni tra archei e batteri avvengono anche attualmente, benché questi ultimi restino all'esterno dei primi): la probabilità è stimata tra 0,01 e 0,02 ogni 10000 anni con un tempo limite di microcatastrofe di 100000 anni.

Fase 2

a_2	b_2	ΔT_2	ΔT_{02}
0,01	0,02	10000	100000

La terza fase; la formazione dei pori sulla membrana e la fuoriuscita delle estensioni citoplasmatiche

Nella tappa precedente, abbiamo visto che la capacità di produrre delle escrescenze citoplasmatiche è una caratteristica di alcuni gruppi di archei. Per permettere la fuoriuscita dei pori è necessario che siano prodotti particolari proteine strutturali, come le molecole che formano gli anelli del complesso dei pori nucleari degli eucarioti (**COPII**). Sebbene siano state trovate equivalenti procariotiche di tali molecole, sembrerebbe che queste proteine non siano omologhe a quelle degli eucarioti. È dunque preferibile immaginare un'evoluzione *ex novo* nella linea dell'ospite, piuttosto che supporre un'eredità procariotica più antica. Cioè, queste strutture non derivano da analoghe molecole presenti nei procarioti, ma sono delle novità evolutesi nel ceppo che ha portato all'emergenza degli eucarioti.

In ogni caso, essendo i pori necessari per le protrusioni ed essendo tale capacità diffusa in vari gruppi degli archei, è logico supporre che una certa varietà di

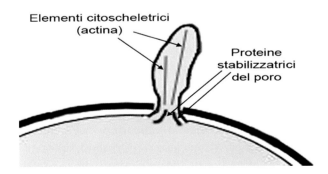

Fig. 13.6 Schema della parete dell'archeo ospite, con poro attraversato da un'escrescenza citoplasmatica, secondo il modello dell'*Inside-out*. (IJA 14/06/2023 Mieli, Valli, Maccone)

proteine di sostegno siano state prodotte, tra cui anche quelle omologhe a quelle eucariotiche, da cui queste ultime sarebbero appunto derivate.

Una volta prodotto il poro, il citoplasma può fuoriuscire formando un'escrescenza sostenuta da elementi citoscheletrici (Fig. 13.6). Per questi ultimi, alcune proteine omologhe a quelle eucariotiche sono state trovate nella maggior parte dei phylum appartenenti agli archei di Asgard. La formazione di pori ed escrescenze viene trattata come una sola fase, a causa dello stretto legame tra i due processi (il primo non avrebbe senso senza il secondo, la cui probabilità può essere posta uguale a 1, una volta verificatosi il precedente).

Il tempo necessario per la produzione di molecole omologhe a quelle eucariotiche per stabilizzare i pori e per la formazione di quelle del citoscheletro è valutato in qualche migliaio di anni: la probabilità è stimata tra 0,04 e 0,06 ogni 5000 anni con un tempo limite di microcatastrofe di 100000 anni.

Fase 3

a_3	b_3	ΔT_3	ΔT_{03}
0,04	0,06	5000	100000

La quarta fase; l'"avvolgimento" dei simbionti e la sparizione della parete cellulare dell'ospite

Il passo successivo consiste nello sviluppo dell'escrescenze citoplasmatiche che cominciano ad avvicinarsi e ad "avvolgere" i batteri (Fig. 13.2b). Tali protrusioni si sarebbero evolute per facilitare gli scambi tra l'archeo e i microorganismi in simbiosi con il primo, che si trovavano sulla sua superficie esterna, essendo incapaci di penetrare la parete dell'ospite. Le espansioni citoplasmatiche sono sostenute dagli elementi citoscheletrici già evocati nella fase precedente, che continuano a svilupparsi. Allo stesso tempo, la parete dell'archeo comincia a regredire, sino a scomparire completamente, per due motivi:

- diventa sostanzialmente inutile, in quanto coperta dalle estensioni citoplasmatiche, in contatto con l'ambiente interno dell'archeo;
- risulta controproducente perché fa ostacolo a una maggiore estrusione del citoplasma.

A questo punto, alla membrana originaria che ricopriva l'archeo si sovrappone, a causa della sparizione della parete, quella delle estrusioni, ripiegate verso l'interno (Fig. 13.2c). Comincia, quindi, a delinearsi il futuro nucleo della nuova cellula, costituito dalla regione anticamente occupata dell'archeo e delimitato da una doppia membrana lipidica, provvista di pori.

Il reticolo endoplasmatico, membrana a piegamenti multipli situata in prossimità del nucleo, dove avviene la sintesi proteica, deriverebbe dalle pieghe delle membrane delle estrusioni.

La durata di questa fase è data dall'avvolgimento del complesso ospite-simbionti da parte delle escrescenze fuoriuscite dai pori e dalla completa sparizione della parete dell'archeo; essa può essere valutata a qualche migliaio di anni: la probabilità è stimata tra 0,01 e 0,02 ogni 2000 anni con un tempo limite di microcatastrofe di 100000 anni.

Fase 4

a_4	b_4	ΔT_4	ΔT_{04}
0,01	0,02	2000	100000

La quinta fase; la "penetrazione" dei simbionti nel citoplasma

La fase seguente prevede che i batteri siano completamente ricoperti dalle espansioni citoplasmatiche, perdendo la loro parete per comunicare più facilmente con il citoplasma dell'ospite. Benché sia difficile stabilire le affinità dei mitocondri, a causa della minima quantità di genoma che hanno conservato, studi recenti indicano che gli antenati di tali organelli vadano ricercati tra gli *alpha-proteobacteria* e, più in particolare, tra i batteri affini al gruppo delle *Rickettsie* ([29]; Fig. 13.7).

Questi microbi, endosimbionti obbligati, parassitano le cellule degli eucarioti (soprattutto gli insetti, ma anche gli uomini possono essere attaccati), penetrandovi grazie alla loro capacità di lisi delle membrane lipidiche. Tuttavia, gli antenati dei mitocondri non avevano bisogno di possedere alcuna capacità di penetrazione, venendo avvolti dai lobi espansivi dell'ospite. La sparizione della loro parete cellulare è considerata come una tappa per facilitare lo scambio con il citoplasma dell'ospite.

Sottolineammo, come fanno Baum e Baum, che questo processo non fa assolutamente intervenire la fagocitosi (fenomeno che, come vedremo in seguito, si produrrà solamente nelle fasi finali del processo). I batteri erano simbionti esterni, e si sono trovati all'interno dell'ospite a causa di processi iniziati da quest'ultimo. Da parte loro, non hanno fatto altro che perdere la loro parete, restando coperti da una seconda membrana (rispetto alla loro) derivante da quella dell'estrusione che li ha avvolti. Questo processo è considerato separato dal precedente, per il semplice motivo che non sappiamo se la sparizione delle due pareti, quella dell'ospite e quella dei simbionti siano state contemporanee o no. In ogni caso, **con il termine di "penetrazione" dei simbionti nel citoplasma, facciamo unicamente riferimento alla sparizione della parete rigida dei simbionti**.

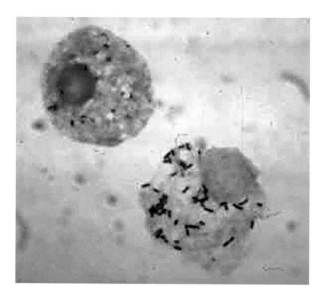

Fig. 13.7 La *Rickettsia* è un piccolo batterio che cresce all'interno delle cellule dei suoi ospiti

Considerando le modalità del processo, il tempo globalmente previsto per il compimento di questa fase è rapido, stimato a non più che qualche decina di anni. Comunque, gli attribuiamo solamente una probabilità bassa, per tenere conto del rischio di compromissione dell'associazione in seguito al mutamento di condizioni e al rapporto più diretto con il citoplasma dell'ospite: la probabilità è stimata tra 0,01 e 0,02 ogni 50 anni con un tempo limite di microcatastrofe di 100000 anni.

Fase 5

a_5	b_5	ΔT_5	ΔT_{05}
0,01	0,02	50	100000

La sesta fase; la migrazione del DNA dal genoma del simbionte a quello dell'ospite

Una volta stabilita l'endosimbiosi – i simbionti ora si trovano all'interno dell'ospite – si mette in moto un processo universale che si verifica **tutte le volte che si producono questo tipo di associazioni**: la migrazione dei geni dal genoma dei simbionti a quello dell'ospite. Quando parliamo di "migrazione" di geni dal simbionte all'ospite, intendiamo la loro eliminazione dal genoma del primo e il loro trasferimento completo in quello del secondo (Fig. 13.8). Questo processo

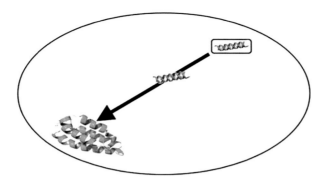

Fig. 13.8 Migrazione (lungo la freccia) del genoma del simbionte (rettangolino in alto a destra) verso il DNA dell'ospite (in basso, a sinistra); il genoma così trasferito sarà perduto dal DNA del simbionte, ma sarà conservato in quello dell'ospite. (IJA 14/06/2023 Mieli, Valli, Maccone)

permette all'associazione di aumentare la sua efficienza, in quanto l'ospite si occupa della sintesi proteica, inclusa quella di varie molecole dei simbionti, mentre questi ultimi si concentrano sulle loro attività specifiche: la produzione energetica o di particolari composti biologici.

Più è antica l'endosimbiosi, più è importante la quantità di materiale genetico che è stata trasferita nel DNA dell'ospite. In questo modo, i due partner risultano non solo complementari ma anche dipendenti l'uno dall'altro, soprattutto il primo. Tuttavia, è proprio in questo modo, liberando il mitocondrio dai compiti legati alla sintesi proteica e permettendogli di concentrarsi soltanto sulla produzione energetica, che si permette alla futura cellula eucariotica di incrementare l'energia disponibile per gene, a livelli insperati per i procarioti.

Si reputa che, attualmente, i mitocondri conservino all'incirca solo l'**1%** del materiale genetico posseduto dal loro antenato alpha-proteobatterio. Sappiamo, inoltre, che più di **1,5 Ga** ci separano dall'associazione simbiotica che sancì l'insorgenza della cellula eucariotica.

Quanto tempo è necessario attendere perché si sia effettuata una sufficiente migrazione di materiale genetico dal simbionte all'ospite? Certamente nei primi organismi dotati di riproduzione sessuata (il più antico conosciuto è *Bangiomorpha pubescens*, i cui fossili sono stati ritrovati in sedimenti di poco più di **1 Ga**) la percentuale di riduzione doveva già essere confrontabile all'attuale. Probabilmente, comunque, un livello sufficiente era già stato raggiunto ben prima. Possiamo quindi stimare un tempo di un ordine di grandezza di una decina di migliaia di anni: la probabilità è stimata tra 0,1 e 0,2 ogni 10000 anni con un tempo limite di microcatastrofe di 100000 anni.

Fase 6

a_6	b_6	ΔT_6	ΔT_{06}
0,1	0,2	10000	100000

La settima fase; l'acquisizione della membrana citoplasmatica eucariotica

Le membrane cellulari degli archei sono costituite diversamente da quelle di batteri ed eucarioti. Questi ultimi due gruppi, a differenza del primo, possiedono dei rivestimenti costituiti dagli stessi tipi di lipidi. Si tratta qui, di una diversità strutturale molto importante tra gli archei, da un lato, e batteri ed eucarioti, dall'altro, perché consiste nel fabbricare le pareti con materiali un po' differenti e usare legami diversi.

Infatti, le cellule eucariotiche e quelle batteriche possiedono membrane le cui teste polari si legano a delle catene lipidiche per mezzo di legami di tipo estere, mentre quelle degli archei utilizzano dei legami di tipo etere. Inoltre, le catene di questi organismi sono costituite da lunghe molecole di alcool (isoprenoli) ramificate, mentre le catene di batteri e archei sono lineari, senza alcuna biforcazione (Fig. 13.9 e Fig. 13.10).

Tali differenze si spiegano col fatto che le membrane degli archei sono di natura più resistente alle alte temperature dove molti di questi organismi abbondano (e dove, probabilmente, si sono evoluti gli antenati del gruppo). Ma allora, sulla base del modello *Inside-out*, come possiamo spiegare le omologie tra le membrane batteriche e eucariotiche se l'ospite è di natura archea e, quindi, dotato di un rivestimento di tipo differente?

Ricordiamoci che, nella fase precedente, il genoma del batterio simbionte è stato in gran parte trasferito nel DNA dell'ospite.

Questo vale anche per i geni preposti all'assemblamento della membrana batterica. Una volta diventati patrimonio genomico dell'ospite, l'evoluzione biologica spingerà per ottenere una situazione "economica": la cosa più semplice è quella di produrre un solo tipo di membrana per tutti i costituenti dell'associazione simbiotica. Ma quale scegliere? Quella originale dell'archeo o quella importata dal batterio? La risposta non può essere che la seconda. Infatti, la membrana dei simbionti si è specializzata per la produzione energetica grazie all'ossidazione delle molecole organiche da parte di O_2 e tutto il vantaggio conferito da questi organismi all'associazione è, appunto, una produzione energetica efficiente.

Ne deriva che la sola membrana la cui natura può essere modificata è quella originaria dell'ospite archeo. In questo modo, la futura cellula eucariotica sarà ricoperta da una membrana la cui natura è quella tipica dei batteri. I geni batterici

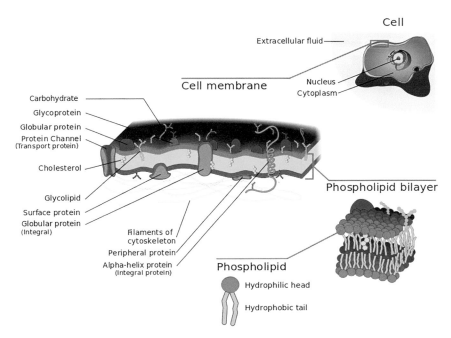

Fig. 13.9   Struttura della membrana cellulare. (Mariana Ruiz)

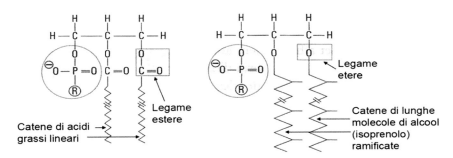

Fig. 13.10   Principali differenze tra i costituenti delle membrane cellulari di batteri e eucarioti (a sinistra) e quelli degli archei (a destra): la testa polare di batteri e eucarioti, si lega alle catene idrofobe tramite un legame estere, mentre gli archei utilizzano legami etere; le catene idrofobe di batteri e eucarioti sono costituite da acidi grassi lineari, mentre quelle degli archei sono formate da lunghe molecole alcoliche ramificate (i vari elementi non sono in scala tra loro). (IJA 14/06/2023 Mieli, Valli, Maccone)

che determinano l'assemblamento della membrana cellulare cominceranno a essere selezionati sin dalla loro piena integrazione nel genoma dell'ospite.

Grazie alla pressione selettiva esercitata dall'evoluzione, il completo rimpiazzamento può operarsi in tempi relativamente brevi; al massimo, un paio di migliaio di anni: la probabilità è stimata tra 0,001 e 0,002 ogni 2000 anni con un tempo limite di microcatastrofe di 100000 anni.

Fase 7

a$_7$	b$_7$	ΔT_7	ΔT_{07}
0,001	0,002	2000	100000

L'ottava fase; l'inglobamento dell'insieme ospite-simbionti in un solo rivestimento (continuità del citoplasma) e la fagocitosi

Finalmente, i lobi delle espansioni cominciano a entrare in contatto e a fondersi tra di loro: il citoplasma dell'archeo ingloba completamente l'ospite e i simbionti, mostrando una relativa continuità tra tutte le sue parti. Benché le proprietà dei componenti della membrana (per lo più, molecole lipidiche) favoriscano la fusione nelle zone di contatto, un po' come abbiamo già visto nella terza fase relativa al 4° parametro di Drake (passaggio dal non vivente al vivente), sono necessarie ulteriori molecole per portare a termine tale processo. Le proteine della famiglia delle dinamina, per esempio, sono in grado di mediare la fissione e la fusione delle membrane biologiche, permettendo, tra l'altro, la formazione o la fusione di vescicole. Molti batteri possiedono omologhi proteici di tali molecole eucariotiche. È quindi probabile che le proteine eucariotiche siano derivate da precursori batterici, dopo l'assimilazione del genoma dei simbionti da parte dell'ospite. Il nuovo apporto proteico e lo scheletro citoplasmatico, già trattato in precedenza (terza fase), permettono anche l'insorgenza della fagocitosi, il processo che permette a una cellula deformabile (quindi priva di parete rigida) l'ingestione di oggetti solidi di dimensioni inferiori (comprese le cellule più piccole di quella che fagocita). È proprio a causa dello sviluppo di un complesso sistema proteico, di origine batterica, che si spiega perché la formazione della membrana esterna e l'apparizione della fagocitosi si siano prodotte solamente nelle fasi terminali del processo di insorgenza degli eucarioti.

Relativamente agli altri processi, come la divisione cellulare o l'acquisizione delle ciglia cellulari, questi si sono evoluti parallelamente a quelli già descritti (o subito dopo), integrandosi perfettamente con il modello dell'*Inside-out*. Ulteriori apporti al genoma nucleare, potrebbero anche essere stati ottenuti grazie all'azione dei virus, agendo in parallelo ai fenomeni fin qui esposti. Tuttavia, un tale scenario non altera il quadro che è già stato descritto fino ad adesso.

Il tempo previsto per la trasformazione definitiva in cellula eucariotica è stimato a qualche migliaio di anni: la probabilità è stimata tra 0,01 e 0,02 ogni 5000 anni con un tempo limite di microcatastrofe di 100000 anni.

Fase 8

a_8	b_8	ΔT_8	ΔT_{08}
0,01	0,02	5000	100000

Alla fine del processo che abbiamo appena dettagliato, possiamo osservare l'insorgenza un nuovo tipo di cellula, costituita dall'associazione simbiotica tra un archeo che forma il nucleo (ma non dimentichiamoci degli apporti genetici batterici e, eventualmente, di quelli trasferiti per via virale) fornendo anche il citoplasma dell'organismo, con un vario numero di batteri diventati i mitocondri. In seguito, il nuovo organismo comincia a diversificarsi, occupando quelle nicchie precluse ai procarioti (di cui abbiamo già parlato nel paragrafo generale sull'insorgenza della cellula eucariotica) che implicano l'aumento delle dimensioni o l'adozione di comportamenti complessi. A partire da **1 Ga**, ma probabilmente anche da prima, abbiamo certezza che gli eucarioti abbiano acquisito la capacità di riprodursi sessualmente. Quest'ultima proprietà conferisce un'accelerazione nell'evoluzione biologica del gruppo e una capacità accresciuta nella produzione d'innovazioni biologiche, come vedremo nelle sezioni seguenti.

Tab. 13.1 5° Drake – macrointervallo A: i 32 valori delle frequenze a_j e b_j minima e massima, del tempo ΔT_j di osservazione e del tempo ΔT_{0j} di microcatastrofe, per ogni fase descritta nel paragrafo precedente. (IJA 14/06/2023 Mieli, Valli, Maccone)

Fase	Descrizione	a_j	b_j	ΔT_j	ΔT_{0j}
1	L'evoluzione di un batterio aerobio	0,4	0,6	2000	100000
2	L'incontro ospite-simbionte	0,02	0,03	10000	100000
3	La formazione dei pori e la fuoriuscita delle estensioni citoplasmatiche	0,04	0,06	5000	100000
4	L'"avvolgimento" dei simbionti e la sparizione della parete cellulare dell'ospite	0,01	0,02	2000	100000
5	La "penetrazione" dei simbionti nel citoplasma	0,1	0,2	5000	100000
6	La migrazione del DNA dal genoma del simbionte a quello dell'ospite	0,5	0,7	10000	100000
7	L'acquisizione della membrana citoplasmatica eucariotica	0,001	0,002	2000	100000
8	L'inglobamento in un solo rivestimento e la fagocitosi	0,01	0,02	5000	100000

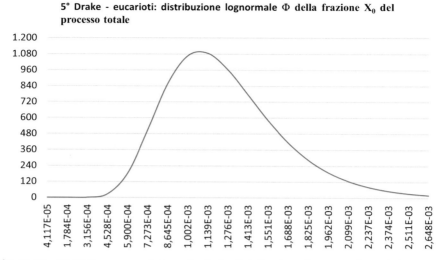

Fig. 13.11 5° Drake – macrointervallo A: la distribuzione lognormale Φ del processo nel medio periodo con $\langle X_0 \rangle = 1,26 \cdot 10^{-3}$. (IJA 14/06/2023 Mieli, Valli, Maccone)

Valutazione delle probabilità al passaggio di ogni tappa

Abbiamo così ottenuto i **32** valori in ingresso da inserire nel passo **1** dell'algoritmo di calcolo della distribuzione statistica lognormale di Maccone (Tab. 13.1). Riportiamo nella Fig. 13.11 la distribuzione lognormale del processo del macrointervallo A.

ΔT_0, come già scritto è la somma dei ΔT_{0j} e rappresenta il medio periodo pari a **800000** anni; mentre il lungo periodo limite ΔT è fissato da noi in circa **500000000** di anni.

Per concludere, alla fine del nostro percorso, abbiamo trovato, tramite la lognormale **Φ**, una probabilità di realizzare un intero ciclo del passaggio dal non vivente al vivente, nel medio periodo $\Delta T_0 =$ **800000** anni, pari a circa lo **0,126%** (Fig. 13.11).

Questo valore, applicando la regola di trasformazione delle probabilità descritta per le *fasi* (*covarianti col tempo*), ovvero:

$$p_A = 1 - (1 - p_{A0})^n$$

si traduce, nel lungo periodo $\Delta T =$ **500000000** anni, in una probabilità media dell'insorgenza degli eucarioti pari a:

$$f_e = 54\%$$

compresa tra i due valori minimo e massimo

$$f_{e\,min} = 29\% \quad e \quad f_{e\,max} = 71\%.$$

La media ci fornisce un valore di circa un caso su due, in un intervallo di **500 Ma**, comparabile con quello del passaggio dal non vivente al vivente. Il fenomeno, dunque, non sembrerebbe essere tanto improbabile!

14

Macrointervallo B: Il secondo passo; la nascita degli animali (i metazoi)

Nella sezione precedente, abbiamo descritto uno scenario che permette di spiegare l'insorgenza della cellula eucariotica come associazione simbiotica tra procarioti. Il nuovo organismo non è migliore né più evoluto dei precedenti, ma rappresenta un livello di complessità maggiore, ottenuto dalla diversa ripartizione delle attività nei differenti centri all'interno della cellula: per esempio, al mitocondrio è affidata la produzione energetica, essendo l'organello esente da altri compiti principale. Quale sarà, dunque, il passo successivo? È possibile riconoscere, nel regno dei viventi, l'aumento della complessità considerando, via via, delle entità biologiche ottenute dalla somma di quelle del livello precedente. Spieghiamo meglio questo concetto: siamo passati dal **livello I**, quello dei procarioti, al **livello II** (la cellula eucarioytica), mettendo insieme degli elementi del livello precedente (cellule procariotiche unite in un'associazione simbiotica). Allo stesso modo, è possibile passare a un livello ulteriore, il **livello III**, mettendo insieme vari elementi del livello precedente, il **II**, e così di seguito [75]. Tale tendenza è già stata rigorosamente suggerita da Daniel W. McShea e Jean-Pierre Rospars [92]. Per noi, dunque, il passo successivo andrà ricercato negli eucarioti pluricellulari e, in particolare, nel regno degli animali. Infatti, in nessun altro gruppo o regno eucariotico è possibile incontrare attività "intelligenti" come in quello degli animali. Le piante, evolutivamente parlando, pur non essendo affatto inferiori ai loro cugini, hanno scelto soluzioni differenti, più consone alla loro esistenza di esseri immobili, "radicati" nel suolo. Lo stesso dicasi per i funghi e per gli altri gruppi di eucarioti.

Ma come si caratterizzano gli animali? Quando appaiono le loro tracce tra i fossili? Gli animali, meglio definiti come *metazoi*, come li chiameremo in seguito, possiedono le caratteristiche seguenti:

© The Author(s), under exclusive license to Springer Nature Switzerland AG 2025
E. Mieli, A. M. F. Valli, C. Maccone, *La galassia vivente*,
https://doi.org/10.1007/978-3-031-65654-5_14

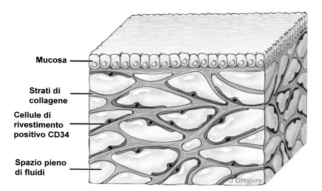

Fig. 14.1 Struttura di tessuto cellulare tenuto insieme dal collagene o connettivo. (Jill Gregory/Mount Sinai Health System)

1 sono degli eucarioti **multicellulari**, costituiti da cellule differenziate;
2 sono **eterotrofi** (incapaci di fabbricarsi il cibo, devono trovarselo nell'ambiente in cui vivono);
3 possiedono uno sviluppo che passa attraverso stadi ben precisi, tra cui quello di **embrione**;
4 sono capaci di muoversi, almeno in una delle loro differenti **fasi di vita;**
5 infine, come vedremo meglio, TUTTI gli animali attuali, persino i più semplici, possiedono il collagene, un elemento strutturale che interviene in numerosi processi (Fig. 14.1).

I fossili più antichi dei metazoi conosciuti risalgono tra i **630** e i **550 Ma** [43]. Intanto, tra queste date e quelle della loro prima apparizione (**2,1 Ga**), gli eucarioti si sono differenziati e hanno già compiuto la maggior parte delle loro conquiste evolutive: da poco più di **1 Ga** esistono organismi multicellulari dotati di sessualità e, poco dopo, appaiono organismi fotosintetici che sono il risultato di associazioni simbiotiche tra diversi eucarioti. Si ripete, cioè, lo stesso processo che ha portato all'insorgenza della cellula eucariotica, ma stavolta con eucarioti come protagonisti. In strati più o meno coevi (**1 Ga** circa), sono stati rinvenuti fossili di organismi multicellulari aventi cellule di almeno due tipi differenti. Questi eucarioti, chiamati *Bicellum brasieri*, per le loro caratteristiche morfologiche, sono considerati prossimi al gruppo in cui vanno ricercati gli antenati dei metazoi. La cosa curiosa è che non si tratterebbe di organismi marini, bensì terrestri.

Ma se la multicellularità è già apparsa prima di **1 Ga**, perché i metazoi si manifestano solo molto più tardi? Innanzitutto, facciamo presente che la multicellularità è stata conseguita indipendentemente, e in tempi diversi, da almeno **13** linee di eucarioti, se non di più [99]. Questo significa che è una proprietà insita nella condizione della cellula eucariotica.

Ma non basta essere multicellulare per essere un animale. Ricordiamo che tra le caratteristiche dei metazoi moderni c'è quella di produrre il collagene. Ora, la formazione di questa molecola necessita di un tenore appropriato di O_2 nell'ambiente. Se studiamo l'evoluzione del tasso di tale gas, scopriamo nuovi picchi e nuovi *plateaux* per il valore di O_2 maggiori di quelli relativi al GOE, che abbiamo già incontrato nel paragrafo precedente. Se durante il Paleozoico sembrano registrarsi valori superiori all'attuale, in questo contesto, noi ci interessiamo all'intervallo compreso all'incirca tra **0,8** e **0,5 Ga**. Nel periodo indicato si registra un ulteriore aumento di O_2 rispetto ai valori del GOE. Tale evento è indicato come *Neoproterozoic Oxidation Event* (NOE): in sua corrispondenza si registrano valori di O_2 comparabili con l'attuale [82].

Tra i periodi in cui si manifestano i due differenti livelli di O_2, è emersa la cellula eucariotica. Ben presto, gli eucarioti diventano capaci di effettuare la fotosintesi grazie all'integrazione di un nuovo endosimbiote, un cianobatterio, che si trasformerà nel **cloroplasto** [13]. Questo nuovo passo evolutivo si sarebbe compiuto tra **1,5** e **1,2 Ga**. In seguito, i nuovi organismi fotosintetizzatori e quelli, in breve, evolutosi da loro (tra questi eucarioti ci sono i lontani precursori delle piante terrestri e dei loro antenati) contribuiranno, insieme ai già presenti cianobatteri, all'ossigenazione dell'ambiente e saranno fondamentali per il raggiungimento del nuovo picco di O_2.

È importante notare la **corrispondenza** tra il **NOE (0,8–0,5 Ga)** e l'**insorgenza dei metazoi (0,63–0,55 Ga)** che ci fa supporre che, per poter evolvere, gli animali necessitassero di elevati livelli di O_2 nell'ambiente. Perché? Probabilmente, perché altrimenti non sarebbero stati in grado di sintetizzare il collagene, necessario per conferire alla matrice extracellulare e ai futuri tessuti la necessaria resistenza meccanica. Come abbiamo visto nel caso del colesterolo, molecola fondamentale per la membrana cellulare degli eucarioti la cui sintesi fu favorita dal fenomeno del GOE, ora si sta nuovamente insinuando il sospetto che il grande direttore d'orchestra del quinto parametro di Drake sia ancora una volta l'ossigeno il cui aumento netto, prima intorno a **2,2 Ga** (GOE) e poi a **0,6 Ga** (NOE), ha permesso ulteriori livelli di complessità nella materia vivente: proprio il vincolo temporale legato al tasso di ossigeno è (o sembra essere) quello che impone tempi lunghi nella stabilità di un pianeta terrestre e nell'evoluzione di nuovi esseri viventi a partire dai procarioti. Non si tratterebbe, dunque, dell'improbabilità dell'occorrenza di altri processi (o almeno non di tutti: ricordiamoci dell'insorgenza della cellula eucariotica, vista al termine del Macrointervallo A), ma semplicemente dal tempo necessario per ossigenare sufficientemente il pianeta!

Passiamo adesso alla ricerca degli antenati dei metazoi e cerchiamo di stabilire un modello per la loro insorgenza. Gli *Holozoa* costituiscono un gruppo di eucarioti che include i metazoi (ma che esclude i funghi), in cui vari gruppi sono costituiti da organismi unicellulari.

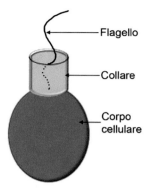

Fig. 14.2   Coanoflagellato – sono indicati il flagello (tratteggiato all'interno del collare), il collare e il corpo cellulare dell'organismo. (IJA 14/06/2023 Mieli, Valli, Maccone)

È interessante notare che molte proteine animali hanno degli omologhi proprio in eucarioti di questo gruppo [78]. Comunque, gli organismi più prossimi ai metazoi sono quelli che costituiscono l'insieme dei Choanoflagellata, monocellulari flagellati la cui appendice è circondata da un collare ben distinto (Fig. 14.2).

Queste cellule somigliano molto ai coanociti, le cellule dotate di flagello dei poriferi (ovvero, le spugne, semplici animali sessili e filtratori, alla base dei metazoi), che permettono a questi organismi di convogliare le particelle nutritive verso le cavità orali. Non si conoscono fossili di coanoflagellati, ma gli esperti, applicando l'orologio molecolare, pensano che il gruppo possa essere apparso tra i **1,05** e **0,80 Ga**. Ben prima, dunque, dell'insorgenza dei metazoi circa **0,63–0,55 miliardi** di anni fa [85].

Vari modelli sono stati proposti per illustrare l'insorgenza dei metazoi, ma noi seguiremo la *Synzoospore theory*, inizialmente proposta da Alexey Zakhvatkin nel 1949. Attualmente, il modello è presentato sotto la forma seguente di Mikhailov [78]: una cellula eucariotica con un ciclo vitale complesso (comprendente fasi morfologiche differenti tra di loro), produce delle spore che, invece di disperdersi, si uniscono insieme per formare un aggregato particolare. Questo, in seguito, si trasforma in una colonia con cellule differenziate, che non fanno che riflettere le diverse fasi morfologiche della cellula eucariotica iniziale (Fig. 14.3).

L'idea di base è quella di partire da una cellula che presenta morfologie differenti secondo il suo ciclo vitale (fenomeno che si verifica normalmente in vari eucarioti unicellulari, tra cui i coanoflagellati), le cui zoospore, le cellule derivate dallo **zigote** (il risultato della fecondazione di due cellule sessuali; Fig. 14.3a), si uniscono per formare la **synzoospore** (Fig. 14.3b). In seguito, ogni cellula si sviluppa seguendo ciascuna una crescita "desincronizzata" con le altre, in modo da avere una **colonia** ("proto-larva") costituita de cellule differenti (anche se tutte

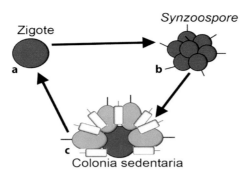

Fig. 14.3   Il modello della *Synzoospore theory*: lo zigote (**a**), dividendosi, produce le zoospore che si uniscono per formare la *Synzoospore* (**b**); lo sviluppo asincrono delle cellule che la compongono produce una colonia composta da cellule diverse (anche se tutte con lo stesso codice genetico di base) che acquisisce costumi sedentari (**c**). Per riprodursi, la colonia può generare un nuovo zigote e il ciclo ricomincia. (IJA 14/06/2023 Mieli, Valli, Maccone)

aventi lo stesso codice genico, in quanto derivate dallo stesso zigote), che si stabilisce sul fondo per una fase trofica **sedentaria** (Fig. 14.3c).

A partire da questo stadio (e una volta prodotto il collagene che riempie la matrice cellulare e dà supporto meccanico all'insieme) l'evoluzione opera permettendo il differenziamento degli stati embrionali che seguono la *synzoospore*, in modo da produrre le prime divisioni e differenziazioni tassonomiche all'interno del gruppo. Naturalmente, l'ultimo stadio, per riprodursi, genera un nuovo zigote (Fig. 14.3: freccia tra "**c** Colonia sedentaria" e "**a** zigote") e il ciclo può ricominciare.

L'insorgenza dei metazoi, fase per fase. Il punto di partenza: i coanoflagellati

Questi organismi costituiscono il gruppo di eucarioti più prossimo a quello dei metazoi ed è quindi logico ricercarvi i progenitori degli animali. I coanoflagellati sono tutti unicellulari marini che si nutrono di batteri (sono dunque eterotrofi). Si riproducono asessualmente, ma in almeno un taxon sono stati scoperti diversi geni riferibili al processo di meiosi, a sua volta legata alla riproduzione sessuata. Ricordiamo, inoltre, che il progenitore comune a tutti gli eucarioti attuali (LUCEA: *Last Universal Common Eukaryotic Ancestor*) è considerato riprodursi in maniera sessuata.

Sappiamo infine che condividono molti geni con i metazoi e questo permette di considerarli come i migliori candidati per trovare gli antenati di tal gruppo.

La prima fase; l'acquisizione di un ciclo di vita complesso

La base della *Synzoospore theory* è che la diversità morfologica sia stata acquisita prima della multicellularità, nel senso che l'organismo che si aggregherà per formare il primo animale possedeva già un ciclo di vita complesso comprendente diverse fasi morfologiche, prima di associarsi e di formare l'entità multicellulare.

Sappiamo che tale ciclo esiste nei coanoflagellati attuali. Ma quando si è evoluto? Ricordando che si suppone che il gruppo esista da almeno **800 Ma** e che, probabilmente, i primi organismi potessero riprodursi per via sessuata (in ogni caso, lo facevano i loro antenati). Dunque, una tale caratteristica deve essere apparsa abbastanza rapidamente. Tra l'altro, il fatto di poter disporre di tipologie morfologiche differenti deve essere visto come un vantaggio, perché permette agli organismi di poter far fronte, in modo migliore, a differenti condizioni ambientali.

Viste le considerazioni fatte, il ciclo di vita complesso, nel gruppo, può essersi evoluto in poche decine di migliaia di anni, con una frequenza, sul breve periodo, bassa: la probabilità è stimata tra 0,01 e 0,02 ogni 20000 anni con un tempo limite di microcatastrofe di 1000000 anni.

Fase 1

a_1	b_1	ΔT_1	ΔT_{01}
0,01	0,02	20000	1000000

La seconda fase; l'aggregazione delle zoospore e la formazione dello synzoospore.

Perché le zoospore dovrebbero aggregarsi piuttosto che andare ciascuna per conto suo? A prima vista, sembrerebbe che l'efficienza della dispersione possa essere ridotta, ma in realtà non è così. Inoltre, l'aumento delle dimensioni può servire a dissuadere eventuali predatori dall'attaccare la colonia. Non solo, ma questa sarà più competitiva al momento di fissarsi per iniziare una fase sedentaria. Tale è, per esempio, la strategia utilizzata da molte spugne. Non dimentichiamoci, poi, che la colonia (Fig. 14.3b) è formata da cellule che posseggono lo stesso patrimonio genetico (in quanto derivano dallo stesso zigote) e questo favorisce la comunicazione intracellulare e dunque la coordinazione dell'insieme e che geni capaci di produrre sostanze di adesione cellulare sono presenti all'interno del gruppo degli Holozoa. Comunque, l'aggregazione delle zoospore produce lo *synzoospore*, la fase mobile del ciclo vitale dell'organismo. Può anche rappresentare (lui o un suo sviluppo evolutivo) l'embrione del futuro animale.

Sapendo che esistono coanoflagellati che possono formare delle colonie dopo la divisione cellulare, anche questa fase dovrebbe poter essere compiuta rapidamente (diverse migliaia di anni): la probabilità è stimata tra 0,02 e 0,03 ogni 15000 anni con un tempo limite di microcatastrofe di 1000000 anni.

Fase 2

a_2	b_2	ΔT_2	ΔT_{02}
0,02	0,03	15000	1000000

La terza fase; la colonia sedentaria composta da cellule differenziate

Lo sviluppo asincrono delle differenti cellule che compongono la colonia costituisce la terza tappa del modello. La diversificazione morfologica cellulare, all'interno di quest'ultima, può essere favorita dalla divisione dei compiti, che permette di aumentare l'efficienza dell'organismo (ricordiamoci di quanto già visto per l'insorgenza degli eucarioti).

Essendo partiti da un unicellulare caratterizzato da un ciclo di vita complesso, caratterizzato da stadi morfologici diversi, non deve essere impossibile evolvere un pool di geni che permetta lo sviluppo asincrono delle cellule, in modo che alcune presentino una morfologia differente dalle vicine (morfologia, comunque, prevista dal piano di sviluppo generale dell'organismo; Fig. 14.3c). Non si tratta di "inventare" nulla, eccetto, forse, qualche gene di regolazione. Ricordiamoci, tuttavia, che i metazoi condividono con i gruppi tassonomici più prossimi non solo geni strutturali ma anche altri che regolano lo sviluppo che possono, tramite evoluzione biologica, aver dato origine a quelli evocati qui sopra.

In questa fase è necessaria l'evoluzione di geni di regolazione particolari, a partire dal pool presenti negli antenati dei metazoi: la probabilità è stimata tra 0,02 e 0,04 ogni 200000 anni con un tempo limite di microcatastrofe di 1000000 anni.

Fase 3

a_3	b_3	ΔT_3	ΔT_{03}
0,02	0,04	200000	1000000

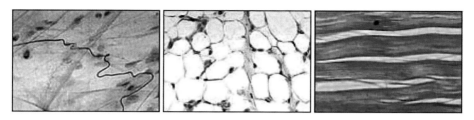

Fig. 14.4 Vari tipi di tessuto connettivo; da sinistra a destra: tessuto connettivo lasso, tessuto adiposo e tessuto connettivo compatto

La quarta fase; la produzione del collagene

A partire dalla fase precedente, abbiamo già un essere vivente che potremmo quasi definire un "metazoo". Si tratta di un organismo eterotrofo (lo zigote si nutre di batteri e, eventualmente, di altre particelle alimentari, prima di dividersi) le cui zoospore si uniscono per formare lo *synzoospore*, la fase mobile del ciclo vitale. Abbiamo, inoltre, una fase sedentaria con differenziazione cellulare (ma con cellule che possiedono tutte lo stesso patrimonio genetico). Per arrivare alla trasformazione completa in animale moderno, secondo la nostra definizione, non ci resta che la produzione del collagene (Fig. 14.4).

Osserviamo che, riguardo all'insorgenza dell'embrione, l'esatta identificazione di tale stadio spesso dipende dal gruppo animale in questione; riteniamo che lo *synzoospore* o le prime fasi di esistenza della colonia sessile ne siano una buona rappresentazione. Sottolineiamo, infine, che una fase relativa alla produzione del collagene non è prevista nel modello discusso da Mikhailov e i suoi colleghi né da quello di Sebé-Pedrós [99]. Tuttavia, tale sintesi si rende necessaria per riempire gli spazi tra una cellula e l'altra e per assicurare la resistenza meccanica all'insieme.

Apparentemente, il collagene è assente negli eucarioti unicellulari, ma tale situazione non deve stupirci, perché in un organismo costituito da una sola cellula è sufficiente il citoscheletro a dare rigidità all'insieme. In alternativa, l'unicellulare può scegliere altre soluzioni, come dotarsi di un esoscheletro (che apparirà, comunque, soltanto in tempi più recenti). Il collagene è dunque una sostanza che viene prodotta *ex novo* dai metazoi: non esistono precursori certi tra gli antenati unicellulari.

Tuttavia, per organismi eucariotici che dispongono di riproduzione sessuata, di cellule differenziate, non deve essere un problema escogitare in un tempo relativamente breve una sostanza che possa riempire gli interstizi tra una cellula e l'altra e fornire la resistenza meccanica voluta: la probabilità è stimata tra 0,01 e 0,02 ogni 50000 anni con un tempo limite di microcatastrofe di 1000000 anni.

Fase 4

a₄	b₄	ΔT₄	ΔT₀₄
0,01	0,02	50000	1000000

Una volta riunite tutte le caratteristiche di base, che concorrono alla definizione dei metazoi, l'evoluzione biologica può favorire la trasformazione del ciclo descritto qui sopra, sviluppando alcuni tratti particolari, che porteranno alla differenziazione dei sottogruppi principali degli animali. Ricordiamoci, infine dell'importanza del tenore di O_2 nell'ambiente: può essere stato questo e non altro, il fattore determinante che ha sancito la tempistica di apparizione dei metazoi sul nostro pianeta.

Valutazione delle probabilità al passaggio di ogni tappa.

Abbiamo così ottenuto i 16 valori in ingresso da inserire nel passo 1 dell'algoritmo di calcolo della distribuzione statistica lognormale di Maccone (Tab. 14.1). La Fig. 14.5 riporta la distribuzione lognormale relativa al processo del macrointervallo B nel medio periodo.

Riportando, col metodo dei due casi precedenti, la probabilità dei metazoi $1{,}50 \cdot 10^{-2}$ del medio periodo ΔT_0 pari a $4\,Ma$ sul lungo periodo ΔT pari a $500\,Ma$, si ottiene la probabilità del macrointervallo B:

$$f_m = 85\%$$

compresa tra i due valori minimo e massimo:

$$f_{m\,min} = 60\% \quad e \quad f_{m\,max} = 94\%.$$

In questo caso la probabilità di svolgimento del Macrointervallo B è decisamente alta su mezzo miliardo di anni. L'insorgenza degli animali, dunque, è un processo relativamente facile una volta che si sia evoluta la cellula eucariotica.

Tab. 14.1 5° Drake – macrointervallo B: i 16 valori delle frequenze a_j and b_j minima e massima, del tempo ΔT_j di osservazione e del tempo ΔT_{0j} di microcatastrofe, per ogni fase descritta nel paragrafo precedente. (IJA 14/06/2023 Mieli, Valli, Maccone)

Fase		a_j	b_j	ΔT_j	ΔT_{0j}
1	L'acquisizione di un ciclo di vita complesso	0,01	0,02	20000	1000000
2	L'aggregazione delle zoo-spore e la formazione dello synzoospore	0,02	0,03	15000	1000000
3	La colonia sedentaria composta da cellule differenziate	0,02	0,04	200000	1000000
4	La produzione del collagene	0,01	0,02	50000	1000000

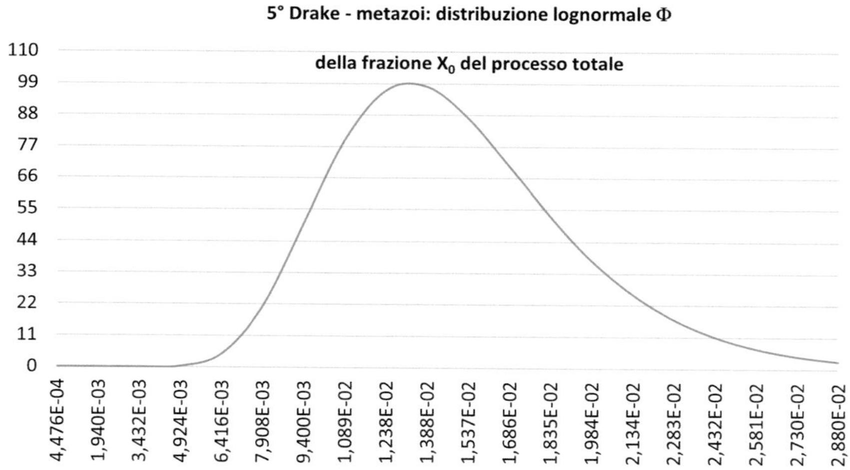

Fig. 14.5 5° Drake – macrointervallo B: la distribuzione lognormale Φ del processo nel medio periodo ΔT_0 pari a 4 Ma: il valor medio risulta $1,50 \cdot 10^{-2}$, la deviazione standard è di $4,48 \cdot 10^{-3}$. (IJA 14/06/2023 Mieli, Valli, Maccone)

15

Macrointervallo C: La "soluzione" dell'intelligenza dedotta dalla definizione di Kardashev, centrata sull'energia per individuo, e la sua nascita all'interno dei metazoi (il caso *Homo*)

I biologi utilizzano varie definizioni d'intelligenza. Per esempio, una delle più recenti considera questa facoltà come una funzione adattativa che permette a un individuo di migliorare il suo comportamento in funzione del contesto: la capacità di modificare il comportamento di fronte a situazioni nuove o complesse. È chiaro che se tale definizione è utile per descrivere i comportamenti "intelligenti" dei vertebrati e di molti altri animali, per la nostra problematica, inerente al quinto paragrafo di Drake, sono richieste capacità ben superiori. Ed ora spiegheremo perché.

Dal punto di vista biologico e sociale la definizione di intelligenza converge alla fine su un unico concetto chiave: l'insorgenza del **pensiero astratto**, ovvero la capacità di mettere assieme diverse abilità celebrali per costruire dei modelli interpretativi inediti dell'ambiente e delle azioni da svolgere. Questa definizione è assolutamente appropriata per qualsiasi aspetto venga preso in considerazione al di fuori di uno: l'**entità dell'energia** che una specie riesce a gestire tramite il pensiero astratto stesso. È quello che comunemente chiamiamo *tecnica* e che possiamo misurare, in primissima istanza, proprio in termini energetici, come potenza in Watt (**W**) espressa per chilogrammi (**kg**) di massa corporea.

La nuova domanda che dobbiamo porci è allora: che potenza, per kg di massa corporea, esprime una determinata specie? Da semplici calcoli empirici possiamo ricavare che gli esseri viventi, in particolare gli animali, sviluppano una potenza chimico-metabolica basale media di circa **1 W/kg** (abbiamo visto in precedenza, calcolando l'energia per gene, che tale ordine di grandezze è vero persino per le singole cellule procariotiche ed eucariotiche); questa potenza è sufficiente per sostenere l'animale nelle sue attività biologiche consuete. Tuttavia, la civiltà umana attuale, grazie alla tecnica dei combustibili fossili e non solo, da circa un secolo,

E. Mieli, A. M. F. Valli, C. Maccone, *La galassia vivente*, https://doi.org/10.1007/978-3-031-65654-5_15

dispone di una potenza stimabile in **10 W/kg** che è una quantità dieci volte maggiore. Tale eccedenza energetica ci consente attività prima precluse come, per esempio, la costruzione di grandi strutture come missili o telescopi; in altre parole, ci rende una delle potenziali civiltà della galassia. Se non avessimo a disposizione questa tecnica, come fino a due secoli fa, non potremmo mai sperare di individuare o essere individuati da altre potenziali civiltà galattiche, se non per puro caso.

Secondo il fisico russo Nikolaj Semënovič Kardashev, questo parametro è fondamentale per catalogare le CET (Civiltà Extra Terrestri) potenzialmente comunicanti. A questo scopo, nel 1964, ideò una scala di potenza su quattro livelli principali [50], rivista in seguito da Carl Sagan [94], secondo il seguente criterio ricorrente:

$W_1 = 10^{16}$ Watt è tutta la potenza solare che riceve un pianeta roccioso orbitante nella sua zona di abitabilità

$W_2 = 10^{11} \cdot W_1$ è tutta la potenza irradiata dalla stella

$W_3 = 10^{11} \cdot W_2$ è tutta la potenza irradiata dalla galassia

$W_4 = 10^{11} \cdot W_3$ è tutta la potenza irradiata dall'universo osservabile

Come si vede, viene rispettato un termine ricorrente di crescita tra un livello e l'altro pari a 10^{11}. Questa caratteristica ci consente di poter catalogare una civiltà con la semplice formula:

$$K = \frac{\log_{10}(W_{CET}) - 5}{11}$$

dove **K** altro non è che l'indice alla base dei quattro livelli W_1, W_2, W_3 e W_4, mentre W_{CET} è la potenza, espressa in Watt, dalla civiltà nella sua interezza.

In questa scala, una civiltà con **K = 1**, oppure brevemente K1, è in grado di gestire una quantità di energia pari a quella fornita al pianeta dalla propria stella, una civiltà K2 gestisce tutta l'energia della stella, una civiltà K3, tutta l'energia della galassia e una civiltà K4, tutta l'energia dell'universo. L'attuale civiltà umana di circa **10000000000** di individui di **100 kg** ciascuno con una potenza di circa **10 W/kg**, dispone di una potenza complessiva di 10^{13} **Watt** che, nella scala di Kardashev equivalgono ad un $K_{umanità}$ pari a:

$$K_{umanità} = \frac{\log_{10}(10^{13}) - 5}{11} \cong 0{,}7$$

Pertanto, visto il nostro livello tecnologico decisamente agli esordi, una specie animale dovrà avere un livello di Kardashev pari almena **K = 0,7** per poter essere riconosciuta come **intelligente** da altre civiltà. E sarà questo valore di **K = 0,7** che bisognerà tenere a mente quando, in seguito, parleremo di CET. Visto le caratteristiche indicate qui sopra, il livello base per l'intelligenza che prenderemo a riferimento è proprio quello raggiunto dalla nostra specie $K = 0,7$.

Comunque, nelle prossime pagine, non potremo più seguire un modello predittivo generale in cui sia possibile ottenere ogni tappa a partire dalla precedente, come nei casi già visti dell'emergenza degli animali o delle cellule procariote ed eucariote. Adesso noi illustreremo le tappe principali, nell'ordine in cui si sono succedute, che hanno portato all'evoluzione dell'uomo. Questo perché le informazioni che abbiamo su quest'ultimo processo si riducono all'unico caso dell'*Homo sapiens*. Si tratta dunque di una differenza importante, che deve essere presa in considerazione per la valutazione dell'intero processo descritto in questo volume.

Ricordiamo, inoltre, che le varie fasi che hanno caratterizzato l'evoluzione della vita terrestre sono state "punteggiate" da estinzioni di massa, episodi in cui si è verificata una drastica e rapida (in termini geologici) diminuzione della biodiversità del nostro pianeta. Tali estinzioni si sono succedute con cadenza più o meno regolare: negli ultimi **250 Ma**, i cicli di estinzioni – naturalmente, di diversa intensità – si sarebbero verificate con una regolarità di circa di **26 Ma** [90]. Infine, teniamo a sottolineare che le estinzioni non hanno una valenza puramente negativa. Eliminando o riducendo certi gruppi tassonomici, esse permettono ad altri, rimasti all'ombra degli organismi dominanti, di avere una *chance* e portare soluzioni evolutive inedite. Se non ci fosse stata l'estinzione di fine Triassico (verso i **201 Ma**), i dinosauri non sarebbero divenuti le forme di vita dominanti sulle terre emerse, né oggi potremmo godere degli uccelli. Senza la crisi Cretaceo/Terziario (crisi K/T), che ha concluso il Mesozoico (all'incirca a **66 Ma**), i mammiferi sarebbero rimasti all'ombra dei dinosauri e non avrebbero raggiunto le taglie attuali ... e noi non esisteremmo!

La nascita dell'intelligenza, fase per fase. Il punto di partenza: le faune di Ediacara

Con il termine di "faune di Ediacara" si indicano quelle associazioni di organismi trovate negli stati sedimentari compresi tra **575 Ma** e **541 Ma** (ultimo periodo del Neoproterozoico; Fig. 15.1).

Queste faune sono composte di animali inconsueti, sul cui stile di vita si sono spesi, e si spendono ancora, fiumi d'inchiostro [74]. Tuttavia, accanto a questi, varie tracce nei sedimenti lasciano pensare all'esistenza di vermi o altri organismi bilaterali (animali dotati di simmetria bilaterale e asse di polarità antero-posteriore) o dei loro antenati. È in questo grande gruppo di metazoi che si evolvono le forme di vita intelligenti secondo le definizioni riportate nella sezione precedente.

Fig. 15.1   La fauna di Ediacara (620–541 Ma). (Ryan Somma)

La prima fase; l'aumento delle dimensioni dei metazoi e l'acquisizione dei sistemi nervoso e vascolare

Benché si possano trovare alcune eccezioni, una delle leggi principali che si riscontra nel mondo degli animali è quella dell'aumento della massa corporea nel tempo. Alle faune di Ediacara segue l'esplosione di vita del Cambriano (periodo geologico compreso tra **541–485 Ma**), un fenomeno che, in realtà, dura qualche decina di milioni di anni e che si prosegue nel periodo seguente, l'Ordoviciano (**485–444 Ma**).

Praticamente, appaiono tutti i phylum attuali (i diversi piani anatomici sui cui sono costruiti i metazoi), più altri oggi estinti. I tessuti minerali cominciano a diffondersi nel regno animale e si evolvono i primi predatori [39]. Non solo, ma durante il Cambriano le dimensioni degli animali cominciano a diventare importanti: possiamo incontrarne alcuni che superano il mezzo metro di lunghezza. A partire dall'Ordoviciano inferiore, si conoscono addirittura cefalopodi fossili la cui conchiglia oltrepassava il metro di taglia (Fig. 15.2).

Cosa produce quest'esplosione di organismi, dotati di sistemi anatomici e organi complessi, molti dei quali, ma non tutti, possiedono anche esoscheletri calcarei che ne facilitano la conservazione nei sedimenti? Varie soluzioni sono state proposte: dall'apparizione degli occhi ad altre cause, intrinseche nella fisiologia animale o legate a mutazioni ambientali. Sicuramente la causa di tutti

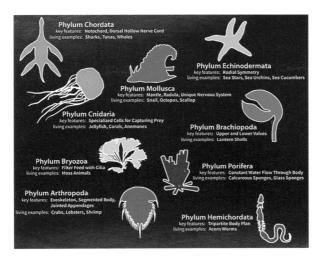

Fig. 15.2 L'esplosione cambriana (541–485 Ma). (Eric Cheng/Stanford University)

questi cambiamenti non è stata unica; vari fattori devono essere intervenuti. Tra questi, senz'altro, si sono prodotte alcune condizioni geochimiche opportune negli oceani. Tra l'altro, un sempre maggiore apporto di elementi chimici, dovuti all'alterazione delle rocce terrestri, veniva convogliato verso i mari, favorendo, in essi, lo sviluppo della vita vegetale e animale.

Le conquiste indicate in questa sezione (aumento dimensioni, acquisizione dei sistemi nervoso e vascolare), si producono in diversi phylum animali in tempi differenti, comprendendo qualche milione di anni in ogni linea filetica: la probabilità è stimata tra 0,02 e 0,04 ogni 500000 anni con un tempo limite di micro-catastrofe di 10000000 anni.

Fase 1

a_1	b_1	ΔT_1	ΔT_{01}
0,02	0,04	500000	10000000

La seconda fase; lo sviluppo degli arti

In molti phylum differenti, una volta raggiunte certe dimensioni e, soprattutto, una certa complessità, organismi differenti hanno sviluppato degli "arti", ossia delle appendici mobili capaci di effettuare varie funzioni. All'interno del gruppo degli artropodi (il cui nome significa appunto "zampe articolate"), che raggruppa insetti, aracnidi, crostacei e miriapodi, non solo la grande maggioranza dei taxa possiede arti segmentati per muoversi e compiere altre attività, ma molti, in particolare gli insetti, sono dotati di elementi mandibolari in grado di articolarsi tra

Fig. 15.3 Ricostruzione artistica di Yohoia; è un animale del periodo Cambriano (541–485 Ma) che è stato inserito tra gli aracnomorfi, un gruppo di artropodi che comprende i chelicerati e i trilobiti. (Junnn11)

di loro [60], che li rendono atti a svolgere le funzioni più diverse e che spiegano la grande plasticità del gruppo (per non dire della loro estrema abbondanza, in termini di specie; Fig. 15.3).

Tra i *cordati*, la grande maggioranza dei vertebrati sviluppa vere e proprie appendici simmetriche come le pinne raggiate dei pesci o i membri articolati, sempre più complessi e sviluppati nel settore distale (quello più lontano dal corpo), nel gruppo tetrapodi (vertebrati i cui arti sono provvisti di un'articolazione con la cintura ossea – pelvica o scapolare – corrispondente) e nei loro antenati. Nei tetrapodi, appunto, le dita si sarebbero evolute non dai raggi delle pinne dei pesci actinopterigi, ma risulterebbero essere vere e proprie innovazioni evolutive.

Si reputa che i più antichi antenati dei tetrapodi (organismi ancora provvisti di pinne, sebbene rafforzate di uno scheletro assiale interno), abbiano fatto la loro apparizione già verso l'inizio del Devoniano [117], verso **410 Ma**, mentre i primi arti simmetrici apparvero, nei vertebrati, probabilmente già dal Siluriano inferiore, più di **430 Ma** fa [48].

Infine, non va dimenticato che, all'interno del phylum dei molluschi, i cefalopodi svilupparono a partire della parte anteriore del "piede" i tentacoli, lobi modificati e prensili. Si tratta di vere e proprie "braccia" capaci svolgere funzioni anche assai complicate. I tentacoli sono apparsi con i primi cefalopodi, nella parte finale del Cambriano, più di **500 Ma** fa.

Come è possibile vedere dagli esempi riportati qui sopra, diversi gruppi di metazoi sviluppano arti principalmente per la locomozione ma che, in seguito, possono evolvere ulteriormente per adattarsi alle esigenze degli organismi che li possiedono. Come nella fase precedente, i vari phylum hanno sviluppato le loro membra in momenti differenti, tuttavia, all'interno di ogni gruppo, lo fanno sempre dopo aver acquisito una certa complessità e sistemi nervoso e vascolare convenienti: la probabilità è stimata tra 0,01 e 0,02 ogni 500000 anni con un tempo limite di microcatastrofe di 10000000 anni.

Fase 2

a_2	b_2	ΔT_1	ΔT_{02}
0,01	0,02	500000	10000000

La terza fase; la conquista della terraferma

Pur non volendo sminuire l'intelligenza dei cetacei e dei cefalopodi, i soli organismi che abbiano sviluppato un livello tecnologico come quello che ricerchiamo si sono evoluti sulla terraferma. Non sappiamo se, in ambiente, acquatico, sarebbe stato possibile ottenere civiltà comparabili alle attuali, ma continuiamo a seguire il filo che ci porta verso la nostra specie, secondo quando annunciato precedentemente. Il passo successivo, dunque, è quello che ci fa guadagnare la terraferma. Infatti, le due fasi precedenti sono state completamente compiute in mare.

Le testimonianze di attività terrestri che si registrano durante la prima fase dell'Era Primaria (**541–252 Ma**) sono rare se non uniche. Si tratta di impronte di artropodi che si sono spostati sulla terraferma, non si sa se per andare da una pozza d'acqua all'altra, o per altro motivo. La causa che impedì agli animali di stabilirsi stabilmente sulle terre emerse non sembra essere stata, come una volta si credeva, la mancanza di un'atmosfera adeguata e capace di proteggere gli organismi dai raggi ultravioletti. Abbiamo visto nella sezione precedente che, dopo il NOE, il livello di ossigeno nell'atmosfera era più o meno dello stesso ordine di grandezza dell'attuale. Ora, non sarebbe stato difficile per un artropode, protetto da un esoscheletro, passeggiare sulla terraferma alla luce del sole. In realtà, il problema sembra essere stato un altro: sulla terraferma gli ambienti erano praticamente sterili, sprovvisti di vegetazione. Dopotutto, sono sempre le piante che arrivano per prime a occupare un nuovo ambiente, creando le condizioni per la colonizzazione degli animali.

Benché si trovino traccia di spore attribuite a piante terrestri già nell'Ordoviciano medio, sin da circa **475 Ma**, i primi resti fossili vegetali di una certa dimensione vengono rinvenuti solamente molto più tardi, nel Siluriano (**444–416 Ma**). In un giacimento a conservazione straordinaria scoperto vicino al villaggio di Rhynie [34], in Scozia, e datato a **410 Ma** circa, si trovano gli indizi che ci fanno capire perché la conquista delle terre emerse non rimonti direttamente all'epoca del NOE (Fig. 15.4). Infatti, tra i resti eccezionali di Rhynie sono state trovate delle radici vegetali che presentano funghi simbionti, come si verifica nella grande maggioranza di piante terrestri attuali [111].

Fig. 15.4 Ricostruzione della flora di Rhynie (Scozia), nel Devoniano inferiore (410 Ma circa)

Quindi, ciò che ha determinato il tempo di colonizzazione delle piante non sono state le condizioni dell'atmosfera, bensì quelle richieste per l'instaurarsi di una simbiosi pianta-fungo (la simbiosi costituisce un processo essenziale per l'evoluzione degli esseri viventi, come abbiamo potuto constatare durante l'emergenza della cellula eucariotica). Questa è infatti necessaria per permettere ai vegetali non solo di sviluppare un sistema radicolare di sostegno ma soprattutto per permettergli di ottenere (principalmente grazie alle ife fungine) acqua ed elementi minerali dal suolo. Si è dovuto, cioè, aspettare che le piante incontrassero i "buoni" funghi per creare la simbiosi capace di renderle atte a vivere sulla terra emersa.

Una volta che le piante si stabilirono sui continenti, ecco che i metazoi si insediarono stabilmente a loro volta. A Rhynie sono stati trovati resti fossili di vari artropodi terrestri. In ogni caso, alle fine del periodo Devoniano (**419–359 Ma**) le piante si erano ben installate sui continenti: molti tratti di costa erano occupati da foreste costituite da veri e propri "alberi", alti anche **30 m**.

È in questo contesto che appaiono i primi tetrapodi, in cui gli arti non avevano ancora la capacità di sostenere l'animale duranti i suoi spostamenti fuori dall'acqua. Piuttosto servivano da "pagaie" specializzate per gli spostamenti nell'elemento liquido, tra la ricca vegetazione acquatica degli ambienti costieri. Tuttavia, già prima della fine del Devoniano, alcune tracce testimoniano dell'esistenza di tetrapodi in grado di spostarsi, almeno temporaneamente, sulla terraferma.

Tra il Carbonifero (**359–299 Ma**) e il Permiano (**299–252 Ma**) i molluschi conquistano i continenti [106], anche se, almeno all'inizio, sono rimasti probabilmente confinati negli ambienti umidi. Si noti, comunque, che nonostante il fatto che, attualmente, le specie di molluschi terrestri (di acqua dolce o terraferma) siano più numerose di quelle che vivono nei mari e negli oceani, i cefalopodi (che raggruppano i molluschi dotati d'intelligenza) costituiscono un insieme che è sempre stato Esclusivamente marino. Detto questo, gli animali terrestri strettamente intelligenti sono limitati ai vertebrati, per cui ci limiteremo, nelle fasi seguenti, a seguire l'evoluzione dei tetrapodi.

Sebbene anche in questo caso i diversi phylum conquistino i continenti indipendentemente, la colonizzazione di ogni gruppo animale deve necessariamente attendere quella delle piante. Prima del termine dell'Era Primaria, vari phylum di metazoi si sono ormai stanziati sulla terraferma: la probabilità è stimata tra 0,02 e 0,05 ogni 500000 anni con un tempo limite di microcatastrofe di 10000000 anni.

Fase 3

a_3	b_3	ΔT_3	ΔT_{03}
0,02	0,05	500000	10000000

La quarta fase; la differenziazione degli animali terrestri

Per poter sfruttare le risorse dei continenti non è necessario abbandonare completamente l'ambiente liquido. Infatti, la maggior parte degli anfibi moderni dipendono dalla prossimità di stagni e di pozze d'acqua per la riproduzione. Inoltre, la loro pelle necessita di una certa umidità per sopravvivere: rare sono le forme che hanno potuto colonizzare gli ambienti aridi (anche se qualche rana australiana c'è riuscita, grazie a qualche accorgimento per trattenere l'acqua, vivendo interrata e sfruttando i rari acquazzoni stagionali per la riproduzione).

Benché gli antichi tetrapodi terrestri si siano differenziati dal punto di vista morfologico e tassonomico [96], la grande diversificazione dei vertebrati sui continenti si produce solamente nel momento in cui tali organismi si affrancano definitivamente dall'ambiente liquido per la riproduzione. Bisogna quindi aspettare l'insorgenza degli **amnioti**, gruppo che comprende tutti i rettili, gli uccelli e i mammiferi moderni e fossili. Cosa differenzia gli amnioti degli altri tetrapodi?

La chiave del loro successo è l'uovo amniotico (Fig. 15.5), una vera e propria novità evolutiva, che li rende capace di liberarsi dell'ambiente liquido per la riproduzione. O meglio: trasferiscono tale ambiente all'interno dell'uovo stesso. L'embrione, infatti, è immerso nel liquido amniotico, delimitato dall'**amnios** che, essendo impermeabile, ricrea al suo interno l'ambiente acquatico necessario allo sviluppo. Il **corion**, lo strato più esterno, è permeabile ai gas, permettendo all'embrione la respirazione e lo scambio gassoso, aiutato dall'**allantoide**.

Essendo molto difficile riconoscere come amniotico un uovo fossile, la discriminazione viene fatta sui resti ossei. I più antichi amnioti conosciuti sono *Hylonomys lyelli* e *Protoclepsydrops haplous*, ritrovati entrambi in sedimenti canadesi

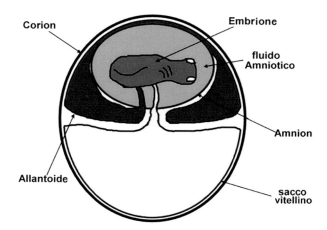

Fig. 15.5 Schema dell'uovo amniotico: l'embrione bagna nel liquido amniotico, de-limitato dall'amnios, impermeabile; il sacco vitellino contiene i nutrimenti per l'embrione; l'allantoide è l'annesso embrionale che contiene gli scarti e possiede un ruolo nella respirazione; il corion è lo strato più esterno dell'uovo (Carbonifero 310 Ma). (IJA 14/06/2023 Mieli, Valli, Maccone)

del Carbonifero, vecchi di circa **310 Ma** [112]. A partire da questi "precursori", gli amnioti diventano capaci di colonizzare tutti gli ambienti terrestri, anche i più aridi. Possono così allontanarsi dalle coste e dalle zone paludose per conquistare anche le più recondite località dei continenti. Gli amnioti, quindi, si diversificano rapidamente: sin dalla base del Permiano, troviamo ecosistemi con "rettili" che occupano varie nicchie ecologiche: erbivore, carnivore e intermedie. Le dimensioni aumentano ulteriormente (ma questo vale anche per i tetrapodi anfibi, che restano comunque legati all'ambiente liquido).

A partire dall'apparizione dell'uovo amniotico, pochi milioni di anni sono necessari per assistere alla differenziazione dei vertebrati terrestri e all'occupazione delle nicchie presenti nei nuovi ambienti: la probabilità è stimata tra 0,5 e 1 ogni 500000 anni con un tempo limite di microcatastrofe di 10000000 anni.

Fase 4

a_4	b_4	ΔT_4	ΔT_{04}
0,5	1	500000	10000000

La quinta fase; l'acquisizione della socialità

Introduciamo ora la quinta fase: **l'acquisizione della socialità**. Si tratta di un livello ulteriore rispetto ai primi 3 già visti con i Macrointervalli **A**, **B** e **C**; la *cellula procariotica*, la *cellula eucariotica*, ottenuta dalla simbiosi di diversi procarioti, gli *esseri multicellulari*, composti da varie cellule eucariotiche possedenti tutte lo stesso codice genetico.

Il nuovo livello si ottiene mettendo insieme vari elementi del livello precedente, cioè diversi individui della stessa specie, i quali si riuniscono per operare in modo omogeneo e incrementare la loro riproduzione, la ricerca del cibo e la sicurezza [1]. Detto altrimenti, la propria speranza di vita. All'interno del gruppo dei metazoi possono riconoscersi quattro diversi gradi di socialità: (**A**) gli invertebrati coloniali, (**B**) gli insetti sociali, (**C**) le società dei mammiferi e degli uccelli, (**D**) le società umane.

Il primo caso (**A**), comprende quegli animali che, come i coralli, formano colonie di centinaia o migliaia d'individui in grado di comunicare grazie a segnali tattili (di fatto, sono fisicamente legati tra di loro). Gli insetti sociali (**B**), come le termiti, le formiche o le api sociali, invece, generalmente presentano un sistema di caste (soldati, operaie, individui riproduttori) formate da individui più o meno morfologicamente distinti tra di loro. Benché i segnali tattili siano ancora presenti, le comunicazioni si effettuano soprattutto grazie a sostanze chimiche che i vari soggetti possono scambiarsi o lasciare sul terreno per gli altri. Le società dei mammiferi e degli uccelli (**C**), d'altro canto, si caratterizzano per formare truppe comprendenti vari individui, durante la riproduzione o la nutrizione, con lo scopo di aumentare la sicurezza dell'intero del gruppo.

Molti di questi (la maggior parte dei primati, per esempio) praticano vari gradi di cure parentali, che contribuiscono a rafforzare i legami sociali tra i membri delle varie generazioni. Le comunicazioni si svolgono soprattutto grazie a segnali chimici, visivi e sonori (tuttavia, tra le scimmie, l'abitudine di spulciarsi e di effettuare della pulizia vicendevolmente – il cosiddetto *grooming* degli anglosassoni – aiuta a rafforzare la coesione e lo stato sociale tra i vari individui). Infine, l'ultimo gruppo comprende le società umane (**D**), di cui chiunque di noi fa parte (l'umano asociale, l'eremita, è una chimera, l'eccezione che conferma la regola!). I vari individui sono in grado di comunicare grazie al linguaggio articolato (di cui parleremo anche in seguito, nell'ultima fase) che ha permesso, tra l'altro, l'evoluzione di numerose lingue e dialetti.

Come si può desumere dai casi presentati, la differenza tra i vari gradi di socialità consiste soprattutto nel differente tipo di segnali che i vari individui del gruppo sono in grado di scambiarsi per comunicare tra loro.

Ma se il tipo più semplice di socialità è quello costituito dagli invertebrati coloniali, per la verità molto antichi, perché parlare dell'argomento soltanto ora?

Fig. 15.6 Una ricostruzione artistica di un gruppo sociale di *Filikomys primaevus* in una tana (Cretacico 75,5 Ma). (Misaki Ouchida/Gregory P. Wilson Mantilla/University of Washington)

Il motivo è che i vari gradi di socialità non rappresentano una scala in cui i livelli superiori derivano da quelli inferiori. Questo è vero solo per gli ultimi due, il **C** e il **D**, ma non per i primi due. Possiamo essere confidenti che le società umane siano un'evoluzione di quelle dei primati, da cui discendiamo. Per questa ragione, dunque, la socialità è introdotta soltanto adesso, dopo l'apparizione degli antenati di mammiferi e uccelli (Fig. 15.6).

La socialità è abbastanza comune tra certi gruppi di mammiferi, tra cui i primati. Per cui al momento della loro apparizione (compresa tra la fine del Cretaceo e l'inizio dell'Eocene, tra **70** e **55 Ma**) tale carattere deve essersi sviluppato abbastanza rapidamente: la probabilità è stimata tra 0,4 e 0,8 ogni 500000 anni con un tempo limite di microcatastrofe di 10000000 anni.

Fase 5

a₅	b₅	ΔT₅	ΔT₀₅
0,4	0,8	500000	10000000

La sesta fase; la stazione eretta e la manualità

La tappa successiva, in realtà, si compone di due fasi che possono compiersi indipendentemente: l'acquisizione della stazione eretta e quella della manualità. Solo nella nostra specie coesistono. L'acquisizione della stazione eretta, tra i mammiferi moderni, è tipica dell'uomo ma anche dai canguri. Tuttavia, tra i primati attuali, siamo i soli a ricorrere alla posizione bipede per spostarci (benché i gibboni sappiano marciare eretti, bilanciandosi con le braccia aperte [30]). Comunque, sembra che, nel passato, almeno un altro primate abbia ricorso a questo tipo di andatura, anche se si pensa che essa sia stata più simile a quella dei gibboni che alla nostra [80, 108]. Nonostante tale eccezione, la bipedìa è il carattere che permette di collocare un ominide fossile nel gruppo ristretto da cui si è evoluta la nostra specie (Fig. 15.7).

In ogni caso, ancor prima che i mammiferi realizzassero la stazione eretta, questa condizione era stata raggiunta dai dinosauri [9]. Infatti, tale particolarità contribuisce a caratterizzare questo gruppo di rettili peculiari ed è stata ereditata dai loro discendenti, gli uccelli. Tutti gli uccelli, indipendentemente dal loro grado d'intelligenza, hanno una statura bipede.

È interessante notare che il paleontologo americano Dale A. Russell [93]speculò su un possibile discendente dei dinosauri (Fig. 15.8), se questi non si fossero estinti durante la crisi K/T (ricordiamoci che i mammiferi, senza l'estinzione dei dinosauri, sarebbe rimasti confinati nella loro nicchia). Lo scienziato considerò che un rappresentante della famiglia dei Troodontidae (= Stenonychosauridae) avrebbe potuto evolversi in un "dinosauroide", essere umanoide intelligente derivato dai grandi rettili mesozoici.

Naturalmente, la sua forma, simile alla nostra, è stata concepita dall'antropomorfismo tipico della nostra specie. Ciò non toglie che il paleontologo americano ha proposto l'evoluzione di una forma di vita dotata di un'intelligenza confrontabile con la nostra a partire da un gruppo diverso di tetrapodi. Cosa aveva di particolare questa famiglia di dinosauri rispetto alle altre, per essere scelta come culla del dinosauroide? Due caratteri, soprattutto: un coefficiente di encefalizzazione relativamente elevato rispetto ai suoi contemporanei e un arto anteriore le cui dita presentavano un certo grado di opponibilità. Abbiamo quindi ritrovato le due capacità che, oggigiorno riunite, risultano come nostro appannaggio caratteristico: la stazione eretta e la manualità.

Fig. 15.7 Coppia di *Ardipithecus ramidus* (4,4 Ma, Pliocene)

La manualità è una capacità tipica degli animali che devono afferrare degli oggetti, come i mammiferi arboricoli, i più caratteristici dei quali sono senza dubbio i primati. Questi sono dotati di una serie di adattamenti per vivere tra gli alberi (visione stereoscopica, pollice opponibile, eccetera). Il più antico rappresentante del gruppo, conosciuto da uno scheletro parzialmente conservato, è stato datato a circa **55 Ma**, una decina di anni appena dall'estinzione dei dinosauri.

Il pollice opponibile è una caratteristica tipica dei primati, ma nessuna scimmia è capace di toccare, con il pollice, il polpastrello delle dita della stessa mano. Benché si creda che almeno alcuni australopitechi (quelli del tipo "robusto", appartenenti al genere *Paranthropus*) avessero una conformazione anatomica della mano capace di produrre semplici strumenti di pietra [73], la manualità umana si è evoluta ben al di là delle possibilità degli ominidi primitivi e dei nostri antenati.

Questa fase ci ha portati alle soglie dell'apparizione del nostro genere, un salto di diverse decine di milioni di anni rispetto alla fase precedente. Ma ciò è giustificato dall'occorrenza di due caratteri che, benché possano svilupparsi indipendentemente, devono concorre insieme (e raggiungere un livello evolutivo relativamente sofisticato) per dare impulso all'evoluzione verso un'intelligenza come quella umana: la probabilità è stimata tra 0,005 e 0,01 ogni 500000 anni con un tempo limite di microcatastrofe di 10000000 anni.

Fase 6

a_6	b_6	ΔT_6	ΔT_{06}
0,005	0,01	500000	10000000

Fig. 15.8   *Stenonychosaurus* (76 Ma) e lo studio di Dale Russell per il "dinosauroide". (sculture di Ron Seguin)

La settima fase; il cambio della dieta e la crescita dell'encefalo

Il cervello necessita di un alto costo energetico nonché di un importante contributo proteico per la sua costituzione. Il suo sviluppo e il suo incremento hanno richiesto un forte apporto di risorse pregiate per permettergli di potersi sviluppare adeguatamente.

Per questa ragione, l'antropologo Craig B. Stanford nel 2001 [105] ha supposto che per l'evoluzione umana sia stato importante un cambio di regime alimentare da erbivoro/onnivoro, tipico degli australopitechi, in uno più prettamente carnivoro. L'abbondanza di carcasse di animali uccisi dai molteplici carnivori africani plio/pleistocenici e le abitudini gregarie (che avrebbero permesso di contendere vittoriosamente le prede ai mammiferi predatori) avrebbero consentito a una popolazione di ominidi di accedere a un regime carnivoro (Fig. 15.9).

L'importante apporto proteico così ottenuto avrebbe favorito un aumento delle dimensioni del cervello rispetto a quello delle altre popolazioni di primati. La proposta suscitò varie reazioni ma, al di là della correttezza o no dell'ipotesi,

Fig. 15.9 Maschio di *Homo erectus* (2–0,6 Ma). Powered by ⑤ OpenAI

se si confrontano i primi rappresentanti del nostro genere con i loro precursori australopitechi, si notano cambiamenti morfologici importanti, come una relativa riduzione dell'apparato masticatorio (uno *shift* da una dieta contenente più fibre a una più povera di questi alimenti) nonché un incremento del volume celebrale.

Dati alla mano, anche senza ipotizzare quale fosse la dieta esatta dei nostri antenati, è possibile trovare una correlazione tra un cambio di regime alimentare e l'aumento del cervello avvenuto verso l'inizio del Pleistocene, tra **2,5** e **1,5 Ma**. I tempi in cui si realizza sono relativamente brevi, meno di **1 Ma**: la probabilità è stimata tra 0,05 e 0,1 ogni 500000 anni con un tempo limite di microcatastrofe di 10000000 anni.

Fase 7

a_7	b_7	ΔT_7	ΔT_{07}
0,05	0,1	500000	10000000

L'ottava fase; l'organizzazione dell'encefalo sul pensiero astratto

La fase successiva consiste nella capacità di poter concepire dei pensieri astratti. Sebbene un certo numero di animali possegga una certa capacità di astrazione, per esempio, la capacità di gestire numeri e quantità differenti di oggetti, le possibilità umane vanno ben oltre. Le capacità legate alle funzioni cognitive, dunque al calcolo, al pensiero astratto e anche al linguaggio, sono legate allo sviluppo dei lobi frontali (Fig. 15.10) e alle circonvoluzioni di queste regioni cerebrali [41].

Se si valuta, grazie a opportuni calchi endocranici, l'evoluzione del cervello umano, a partire dai nostri antenati australopitecidi, si osserva che, a partire da

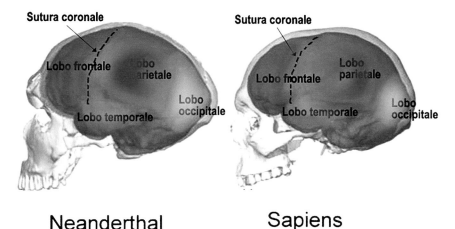

Fig. 15.10   Schema semplificato mostrante il cervello umano, con indicati i vari lobi cerebrali. (IJA 14/06/2023 Mieli, Valli, Maccone)

Homo erectus l'organo si è sensibilmente sviluppato nelle regioni sopraindicate. In particolare, nell'uomo moderno, l'evoluzione celebrale si manifesta soprattutto per un allargamento in corrispondenza della sutura coronale craniale.

L'aumento della capacità endocraniale è stato ottenuto in maniera diversa dall'uomo di Neanderthal, *Homo neanderthalensis*, e dall'uomo moderno, *Homo sapiens*. Se si confrontano i crani di queste due specie si nota infatti che quello del Sapiens è più "rotondo", più alto dell'altro, che, a sua volta, si presenta più allungato antero-posteriormente.

A parte le proporzioni cerebrali, quali sarebbero le prime manifestazioni del pensiero astratto umano? È difficile rispondere a questa domanda. Tuttavia, è possibile che si siano manifestate già con *H. erectus*. Un manufatto particolare, ritrovato sull'isola di Giava, viene infatti attribuito a questa specie: si tratta di una conchiglia di mollusco decorata con un motivo a "zigzag", realizzato senza alcun motivo pratico apparente [110]. All'uomo di Neanderthal non è stata ancora associata nessuna attività simbolica, benché, a livello cerebrale, sembrerebbero riunite tutte le condizioni per poter realizzare tali concezioni. Forse si trattò solo di una questione di tempo ...

Nonostante la capacità astratte attuali vadano ben al di là della conchiglia decorata illustrata precedentemente, è ben possibile che, a partire dall'insorgenza di *H. erectus*, certe popolazioni umane abbiano acquisito la capacità del pensiero astratto. In questo caso, qualche centinaia di migliaia di anni sarebbero bastate per la sua affermazione: la probabilità è stimata tra 0,5 e 0,9 ogni 500000 anni con un tempo limite di microcatastrofe di 10000000 anni.

Fase 8

a_8	b_8	ΔT_8	ΔT_{08}
0,5	0,9	500000	10000000

La nona fase; la nascita del linguaggio articolato e della tecnica

Una delle caratteristiche che ci distingue da tutti gli altri animali è senza dubbio il linguaggio articolato. Infatti, sebbene le grandi scimmie siano capaci di apprendere linguaggi rudimentali costituiti da segni, con i quali comunicare con i loro tutori, esse sono impossibilitate, a causa della loro anatomia, a esprimersi con la gamma sonora e le articolazioni di cui noi disponiamo.

Le caratteristiche morfologiche che ci permettono tale *performance* sono legate alla morfologia della laringe e a quella dell'osso ioide [12], situato alla base della lingua, tra mandibola e la cartilagine tiroidea della laringe stessa (Fig. 15.11).

Non è facile ricostruire esattamente la morfologia della regione anatomica legata alle capacità vocali umani a partire da resti ossei disarticolati. Tuttavia, l'osso ioide di un ominide fossile può essere ritrovato, studiato e confrontato con il nostro. In particolare, ne è stato rinvenuto uno appartenente a *H. erectus*.

La sua morfologia ricorda molto quella di un osso moderno, anche se alcune differenze minori lasciano pensare a una modulazione del tratto vocale più ristretta che, probabilmente, limitavano l'uso del linguaggio articolato. Si conosce anche un osso ioide di Neandertal [5], ancora più simile a quello di un uomo

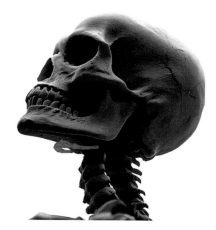

Fig. 15.11   Morfologia e posizione dell'osso ioide (in rosso). Powered by ⑤ OpenAI

moderno di quello di *H. erectus*. Le evidenze fossili suggeriscono, dunque, che la capacità di emettere vocalizzazioni complesse esistesse almeno dall'antenato comune tra Neandertal e uomo moderno, anche se questo non significa che fosse già in grado di comunicare come noi.

Riguardo alla tecnica, sappiamo che *H. neanderthalensis* era capace di un'industria litica raffinata, non inferiore a quella degli *H. sapiens* contemporanei, benché questi ultimi si siano espressi anche ad altri livelli, tra cui la pittura rupestre (ma non sappiamo se tutte le pitture rupestri conosciute siano state realizzate dalla nostra specie!). Naturalmente, siamo ancora assai distanti dalla capacità tecniche moderne.

Comunque, il linguaggio articolato era necessario per spiegare e trasmettere (prima oralmente e poi per iscritto) le istruzioni tecniche per la produzione di oggetti sempre più complicati e, quindi, per far progredire la tecnologia dalla preistoria ai livelli attuali. Era anche necessario per poter esprimere il pensiero astratto: la probabilità è stimata tra 0,4 e 0,8 ogni 500000 anni con un tempo limite di microcatastrofe di 10000000 anni.

Fase 9

a_9	b_9	ΔT_9	ΔT_{09}
0,4	0,8	500000	10000000

Ecco che, alla fine di queste ultime 9 fasi, siamo arrivati all'insorgenza di *H. sapiens*, la sola specie che si mostrerà dotata dell'intelligenza descritta alla fine della sezione iniziale del Macrointervallo **C**. Grazie alle sue caratteristiche, la nostra specie ha acquisito una capacità tecnica al di là di ogni previsione; al punto di poter inviare dei messaggi capaci di raggiungere sistemi solari assai lontani dal nostro. Naturalmente, tutto ciò non è avvenuto in un sol giorno; ci sono voluti un paio di centinaia di migliaia di anni dalla sua origine.

Valutazione delle probabilità al passaggio di ogni tappa

Abbiamo così ottenuto i **36** valori in ingresso da inserire nel Passo 1 dell'algoritmo di calcolo della distribuzione statistica lognormale di Maccone (Tab. 15.1). La Fig. 15.12 riporta la distribuzione lognormale relativa al macrointervallo C.

Riportando, col metodo dei tre casi precedenti, la probabilità delle CET **2,19 · 10⁻³** del medio periodo ΔT_0 pari a **90 Ma** sul lungo periodo ΔT pari a **500 Ma**, si ottiene la probabilità del macrointervallo B:

$$f_C = 3,48\%$$

compresa tra i due valori minimo e massimo

$$f_{C\,min} = 1,25\% \quad e \quad f_{C\,max} = 5,66\%.$$

Come si vede, a differenza dei due macrointervalli A e B, in quest'ultimo la probabilità è decisamente più contenuta.

Tab. 15.1 5° Drake – macrointervallo C: i 36 valori delle frequenze a_j e b_j minima e massima, del tempo ΔT_j di osservazione e del tempo ΔT_{0j} di microcatastrofe, per ogni fase descritta nel paragrafo precedente. (IJA 14/06/2023 Mieli, Valli, Maccone)

Fase	Descrizione	a_j	b_j	ΔT_j	ΔT_{0j}
1	Aumento dimensioni metazoi	0,02	0,04	500000	10000000
2	Sviluppo arti	0,01	0,02	500000	10000000
3	Conquista terraferma	0,02	0,05	500000	10000000
4	dDfferenziazione animali terrestri	0,50	1,00	500000	10000000
5	L'acquisizione della socialità	0,40	0,80	500000	10000000
6	Stazione eretta e manualità	0,005	0,01	500000	10000000
7	Cambio dieta e crescita encefalo	0,05	0,10	500000	10000000
8	Organizzazione del pensiero astratto	0,50	0,90	500000	10000000
9	Nascita del linguaggio articolato e della tecnica	0,40	0,80	500000	10000000

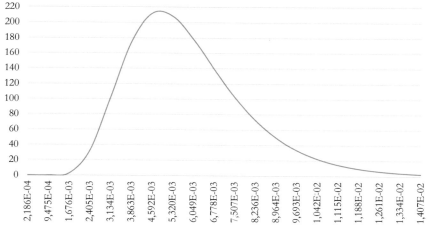

5° Drake CET: distribuzione lognormale Φ della frazione X_0

Fig. 15.12 5° Drake – macrointervallo C: a distribuzione lognormale Φ del processo nel medio periodo ΔT_0: il valor medio è $5,89 \cdot 10^{-3}$, la deviazione standard è di $2,19 \cdot 10^{-3}$. (IJA 14/06/2023 Mieli, Valli, Maccone)

16

Valutazione delle probabilità totale: il quinto parametro di Drake

Definite le probabilità dei tre macrointervalli **A**, **B** e **C** necessari a descrivere con più accuratezza la probabilità di vita intelligente a partire dai batteri, passiamo ora a combinarle in una nuova lognormale totale che rappresenterà il quinto paramentro di Drake.

Dobbiamo dire che l'applicazione del metodo di Maccone della lognormale a soli tre parametri non può essere rigoroso perché non rispetta le condizioni del teorema del limite centrale che assicura che un numero sufficientemente elevato di variabili casuali convergono verso una distribuzione *normale* (nel nostro caso *lognormale*); tuttavia, visto che in questo contesto stiamo cercando solo l'ordine di grandezza dei parametri di Drake, riteniamo tale metodo ampiamente giustificato.

Abbiamo, in definitiva, ottenuto **6** valori in ingresso da inserire nel Passo 2 dell'algoritmo di calcolo della distribuzione statistica lognormale di Maccone (Tab. 16.1).

Facciamo notare che per i macrointervalli, si salta del tutto il Passo 1 perché abbiamo direttamente le frequenze finali A_j e B_j del Passo 2. Inoltre, l'arco temporale di riferimento per la realizzazione dell'intero processo è la somma dei tre tempi di macrocatastrofe dei macrointervalli **A**, **B** e **C** ovvero:

$$0,5\,\text{Ga} \cdot 3 = 1,5\,\text{Ga}$$

Tab. 16.1 5° Drake – TOTALE: i 6 valori delle frequenze A_j e B_j minima e massima nel tempo totale di 1,5 Ga. (IJA 14/06/2023 Mieli, Valli, Maccone)

Fase		A_j	B_j
1	Eucarioti	0,289	0,709
2	Metazoi	0,597	0,944
3	Homo	0,013	0,057

E. Mieli, A. M. F. Valli, C. Maccone, *La galassia vivente*,
https://doi.org/10.1007/978-3-031-65654-5_16

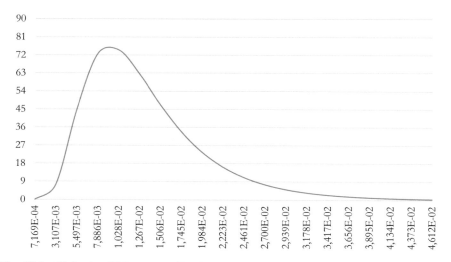

Fig. 16.1 5° Drake TOTALE: La distribuzione lognormale Φ del processo nel medio periodo ΔT_0: il valor medio è $1{,}34 \cdot 10^{-2}$, la deviazione standard è di $7{,}17 \cdot 10^{-3}$. (IJA 14/06/2023 Mieli, Valli, Maccone)

La Fig. 16.1 riporta la distribuzione lognormale dell'intero processo **A**, **B** e **C** che fornisce direttamente i valori finali del 5° parametro senza dover trasformare le probabilità da medio a lungo periodo. Il valore finale del 5° parametro risulta $\mathbf{f_i = 1{,}34\%}$ compreso tra i valori minimo e massimo:

Drake 5

fi min	fi max
$\mathbf{6{,}0 \cdot 10^{-3}}$	$\mathbf{2{,}1 \cdot 10^{-2}}$

17

Considerazioni sul quinto parametro

A differenza del quarto parametro di Drake che, nella sezione precedente, abbiamo calcolato intorno a **0,5** (probabilità del **50%**) in un arco di tempo di **100** milioni di anni, il quinto parametro di Drake è poco sopra **0,01** (probabilità del **1%**) in un arco di tempo di **1500** milioni di anni (GOE e NOE esclusi), quindi decisamente più basso. La cosa non ci sorprende perché, in fondo, *H. sapiens* è l'unico tentativo andato a buon fine su un'infinità di specie comparse sul pianeta. Peraltro, la suddivisione del calcolo nei tre macrointervalli ci ha fatto mettere in luce due cose:

a) il ruolo essenziale che ha giocato l'ossigeno nel determinare i tempi di realizzazione dei processi evolutivi – si veda sia il GOE che il NOE, che col loro verificarsi, hanno battuto i tempi e dato un impulso decisivo verso gli eucarioti, prima, e verso i metazoi, dopo;

b) il collo di bottiglia evidenziato proprio nell'ultimo passo, ovvero l'insorgenza dell'intelligenza la cui probabilità è stata calcolata intorno al **3%** in **0,5 Ga**, mentre né la comparsa degli eucarioti (probabilità del **50%** in **0,5 Ga**), né quella dei metazoi (probabilità del **85%** in **0,5 Ga**) sono risultate particolarmente problematiche dai nostri calcoli.

© The Author(s), under exclusive license to Springer Nature Switzerland AG 2025
E. Mieli, A. M. F. Valli, C. Maccone, *La galassia vivente*,
https://doi.org/10.1007/978-3-031-65654-5_17

18

La curva dell'ossigeno

A questo punto vogliamo fare qualche considerazione sulla nota curva di crescita dell'ossigeno riportata in Fig. 18.1. Abbiamo trovato, nel calcolo del 4° parametro, una buona probabilità di sviluppo dei procarioti (**50%**) in **100 Ma**, a partire da almeno **3,7 Ga**. Il posizionamento dei primi procarioti fotosintetici è controverso, ma in ogni caso sicuramente il primo ossigeno prodotto veniva riassorbito da fenomeni chimici ossidativi.

Quando questi sono venuti meno, l'ossigeno liberato dai procarioti ha cominciato ad invadere il pianeta portandosi circa ad un valore del **1%** di quello attuale a **2,1 Ga** (GOE). Abbiamo trovato la stessa probabilità circa del **50%** per

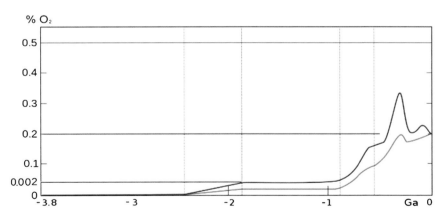

Fig. 18.1 La curva raffigurata mostra la salita della concentrazione di ossigeno nell'atmosfera durante il GOE da 0% a 0,2% tra 2,4 e 1,9 Ga e, durante il NOE, tra 0,8 e 0,5 Ga. La curva verde e rossa rappresenta il valore minimo e massimo ipotizzato. (IJA 14/06/2023 Mieli, Valli, Maccone)

© The Author(s), under exclusive license to Springer Nature Switzerland AG 2025
E. Mieli, A. M. F. Valli, C. Maccone, *La galassia vivente*,
https://doi.org/10.1007/978-3-031-65654-5_18

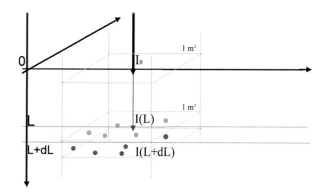

Fig. 18.2 Penetrazione luminosa I(L) tra la profondità L e la profondità L + dL su un m²
di superficie marina. I piccoli dischi grigi rappresentano le cellule in sospensione. (IJA
14/06/2023 Mieli, Valli, Maccone)

l'insorgenza degli eucarioti, ma in **500 Ma** a partire da **2,1 Ga**. Una volta che
quest'ultimi sono diventati anch'essi fotosintetici (a circa **1,5 Ga?**), la percentuale
di ossigeno è cominciata a salire decisamente portandosi a valori poco inferiori
di quelli attuali intorno a **0,7 Ga** (NOE). Proviamo ora a stimare la velocità di
crescita dell'ossigeno in questi due eventi cardine, il GOE e il NOE. Prendiamo
in considerazione la Fig. 18.2 che descrive un ambiente marino dalla quota **0**
(livello del mare) verso la profondità **L**. L'intensità luminosa **I** (**W/m²**) sarà pari
a **I(L) = I(0) ≡ I₀** sulla superficie del mare e pari a **I(L)** alla profondità **L**.

Per ogni metro quadrato di fondale, tra la profondità **L** e **L + dL**, il numero
di cellule fotosintetiche nell'elemento di volume sarà pari a:

$$N_f = 1 \, m^2 \cdot dL \cdot \rho$$

dove ρ è la densità, ovvero il numero di cellule per **m³**. Pertanto, detta **r** la dimensione lineare delle cellule e **ω** il loro coefficiente di assorbimento (compreso
tra **0** e **1**; **0** per cellule totalmente trasparenti e **1** per cellule totalmente opache),
la sezione d'urto efficace **S$_{eff}$** (ovvero quella che contribuisce al fenomeno) delle
cellule presenti nella direzione dei raggi luminosi su **1 m²**, sarà:

$$S_{eff} = 1 \, m^2 \cdot \omega \cdot \rho \cdot r^2 \cdot dL$$

Di conseguenza, **ω · r² · dL** è la percentuale di *oscuramento*, dovuta allo
strato **dL**, dell'intensità luminosa **I(L)** alla profondità **L**; quindi l'intensità luminosa oltre tale strato sarà:

$$I(L + dL) = I(L) \cdot \left(1 - \left(\omega \cdot \rho \cdot r^2 \cdot dL\right)\right)$$

$$I + dI = I - I \cdot \omega \cdot \rho \cdot r^2 \cdot dL$$

$$dI = -I \cdot \omega \cdot \rho \cdot r^2 \cdot dL$$

$$dI/I = -\omega \cdot \rho \cdot r^2 \cdot dL$$

Integrando entrambi i membri tra **0** (livello del mare) e **L**, si ha:

$$[\ln(I) - \ln(I_0)] = -\omega \cdot \rho \cdot r^2 \cdot L$$

$$\ln\left(\frac{I}{I_0}\right) = -\omega \cdot \rho \cdot r^2 \cdot L$$

e, infine, estraendo l'esponenziale:

$$I/I_0 = \exp\left(-\omega \cdot \rho \cdot r^2 \cdot L\right)$$

$$I(L) = I_0 \exp\left(-\omega \cdot \rho \cdot r^2 \cdot L\right)$$

In questo modo, risolvendo l'equazione differenziale per separazione delle variabili, si ottiene l'intensità luminosa (**W/m²**) che arriva alla profondità **L** partendo dall'intensità I_0 al livello del mare:

$$I(I_0, L, r, \rho, \omega) = I_0 e^{-\omega \rho r^2 L}$$

Osserviamo ora che, analogamente alle cellule sospese nel liquido, anche le molecole d'acqua stesse riducono l'intensità secondo una legge analoga $e^{(-\varphi)L}$, allora l'equazione completa di riduzione dell'intensità luminosa dovuta all'acqua e alle cellule in sospensione, si scrive aggiungendo il fattore dovuto all'assorbimento delle molecole d'acqua:

$$I(I_0, L, r, \rho, \omega, \varphi) = I_0 e^{-\left(\omega \rho r^2 + \varphi\right)L}$$

Stimiamo ora la superficie marina mondiale **S** interessata al fenomeno della fotosintesi: si tratta della zona costiera del pianeta le cui acque non superano i **20 m** di profondità; ovvero:

$$S = C \cdot D \cdot \zeta = 10^9 \, m^2$$

avendo posto:

C = 10⁸ m	estensione delle coste continentali	
D = 10² m	distanza dalla costa continentale, dove la profondità non supera i **20 m**	
ζ = 10⁻¹	frazione delle coste il cui fondale degrada lentamente	

La potenza luminosa **dW**, catturata dalle cellule fotosintetiche alla profondità **L** sull'intera superficie **S**, sarà, invece:

$$dW = S \cdot dL \cdot \rho \cdot \alpha \cdot r^2 \cdot I_0 e^{-(\omega \rho r^2 + \varphi)L}$$

dove **α** è la frazione della superficie cellulare interessata all'assorbimento fotosintetico. Osserviamo che **α** dovrà necessariamente essere minore del coefficiente di assorbimento **ω** che misura tutto l'assorbimento luminoso, sia fotosintetico che non.

Se sommiamo il contributo di tutti gli strati del fondale marino, otteniamo la potenza totale assorbita dalle cellule. Per ottenere questa somma integriamo idealmente l'ultima formula ottenuta per **dW** tra **0** e + ∞ rispetto alla profondità **L** (ovviamente l'assorbimento luminoso è praticamente nullo oltre una certa profondità); si ottiene per la potenza totale **W**:

$$W(\rho) = \frac{(S \cdot \alpha \cdot r^2 \cdot I_0) \cdot \rho}{(\omega \cdot r^2) \cdot \rho + \varphi}$$

Se ora facciamo tendere **ρ** all'infinito, otteniamo il **valore di saturazione** della potenza catturata per fotosintesi (acque torbide):

$$W_s = \frac{S \cdot \alpha \cdot I_0}{\omega}$$

valida, ovviamente, per **ω ≠ 0** che è il caso limite di cellule totalmente trasparenti (peraltro se **ω** va a **0**, altrettanto deve fare **α** che è minore di **ω**, ma altrettanto non fa il loro quoziente). Come dovevamo aspettarci, tale valore è indipendente dalle dimensioni delle cellule che effettuano la fotosintesi, (valore di saturazione) e dal coefficiente di assobimento dell'acqua **φ**.

Per ottenere ora **I₀** (potenza per **m²** fotosintetica efficace) dobbiamo moltiplicare i tre fattori:

$W_{bs} = 10^3$ (W/m²)   potenza base solare al suolo
$\eta = 0,154$ efficienza solare media nell'anno
$\gamma = 0,3$ frazione luce visibile utilizzata

ottenendo:

$I_0 = 46,2$ (W/m²)   potenza per **m²** efficace fotosintetica

pertanto:

$$W_s = \frac{\alpha}{\omega} \cdot W_{bf}$$

avendo posto:

$W_{bf} \equiv S \cdot I_0 = 4,62 \cdot 10^{10}$ W   potenza **B**ase **f**otosintesi

Per ricavare l'energia necessaria a produrre una molecola di O_2 dobbiamo invece moltiplicare i fattori seguenti:

$\nu_f = 5,45 \cdot 10^{14}$ (s^{-1})   frequenza media luce nella fotosintesi
$h = 6,63 \cdot 10^{-34}$ (J$\cdot$s)   costante di Plank
$n = 10$ numero fotoni per ogni molecola di **O**

ottenendo:

$\varepsilon = 3,62 \cdot 10^{-18}$ (J)   energia per molecola di ossigeno prodotta

Diamo ora una stima delle molecole di ossigeno presenti dopo il GOE e dopo il NOE a partire dai dati dell'atmosfera attuale.

$S_T = 5,3 \cdot 10^{14}$ (m^2)   superficie Terra
$M_a = 10^4$ (kg/m^2)   massa aria per **m^2**
$p_{GOE} = 0,2\%$ percentuale ossigeno GOE
$p_{NOE} = 20\%$ percentuale ossigeno NOE
$M_{Oss} = 2 \cdot 10^{-26}$ (kg)   massa molecola ossigeno

Si avranno i seguenti valori:

$N_{GOE} = S_T \cdot M_a \cdot p_{GOE} / M_{Oss} = 5,3 \cdot 10^{41}$ numero molecole ossigeno GOE
$N_{NOE} = S_T \cdot M_a \cdot p_{NOE} / M_{Oss} = 5,3 \cdot 10^{43}$ numero molecole ossigeno NOE

Non ci resta ora che cercare di valutare l'ossigeno prodotto da una popolazione di cianobatteri mondiale e da un'analoga popolazione di eucarioti fotosintetici. Per fare questo dobbiamo stimare i due parametri ottico-strutturali per procarioti ed eucarioti, ovvero α (frazione della superficie fotoattiva della cellula) e ω (coefficiente di assorbimento luminoso della cellula). Poniamo quindi i valori seguenti (dove gli indici "**p**" e "**e**" indicano rispettivamente "procarioti" e "eucarioti"):

$$\alpha_p = 1,0 \cdot 10^{-2}$$

$$\alpha_e = 4,0 \cdot 10^{-2}$$

$$\omega_p = 5,0 \cdot 10^{-1}$$

$$\omega_e = 1,0 \cdot 10^{-1}$$

dove si è scelto di attribuire agli eucarioti una frazione di superficie fotosin-
teticamente attiva quattro volte maggiore dei procarioti, dato che gli eucarioti
potevano verosimilmente essere più efficienti; inoltre, si è scelto di attribuire agli
eucarioti un coefficiente di assorbimento cinque volte minore dei procarioti, visto
che gli eucarioti sono privi di parete cellulare.

Ricordando, infine, che il valore trovato della potenza totale (J/s) catturata
per fotosintesi è:

$$W_s = \frac{\alpha}{\omega} \cdot W_b \ (J/s)$$

e l'energia, per molecola di ossigeno prodotta, è:

$$\varepsilon = 3{,}62 \cdot 10^{-18} \ (J)$$

si ottiene per procarioti ed eucarioti, il numero totale di molecole di ossigeno
prodotte al secondo:

$$N_{Oss\,proc} = \frac{\frac{\alpha_p}{\omega_p} \cdot W_b}{\varepsilon} = 2{,}56 \cdot 10^{26} \left(\frac{mol.}{s} \right)$$

$$N_{Oss\,euc} = \frac{\frac{\alpha_e}{\omega_e} \cdot W_b}{\varepsilon} = 5{,}11 \cdot 10^{27} \left(\frac{mol.}{s} \right)$$

Tenendo conto che in un milione di anni ci sono **1 Ma = 3,15 · 10¹³ secondi (s)**,
la durata minima di formazione del GOE e del NOE risultano rispettivamente:

$$T_{GOE} = N_{GOE} / \left(N_{Oss\,proc} \cdot 3{,}15 \cdot 10^{13} \right) = 66 \, Ma$$

$$T_{NOE} = N_{NOE} / \left(N_{Oss\,euc} \cdot 3{,}15 \cdot 10^{13} \right) = 330 \, Ma$$

Come si vede, anche se gli eucarioti fotosintetici sono più efficienti dei loro
corrispettivi procarioti, la quantità di ossigeno del NOE è **100** volte più alta;
pertanto, il tempo di realizzazione del NOE resta più elevato del GOE di cinque
volte. Ovviamente non abbiamo preso in considerazione i fenomeni di riassorbi-
mento dell'ossigeno (ossidazioni, respirazione degli eterotrofi, ecc.) che dilatano
i tempi stimati.

Parte III

I Parametri Sociali di Drake: f_c e f_L

Il sesto e settimo parametro di Drake sono giustamente definiti tradizionalmente i *parametri sociali* e vanno a completare il quadro descrittivo di una potenziale civiltà galattica.

Ovviamente l'approccio per avvicinare questi argomenti è fatalmente meno solido dei precedenti perché poggia su ipotesi plausibili, ma senza alcun riscontro sperimentale.

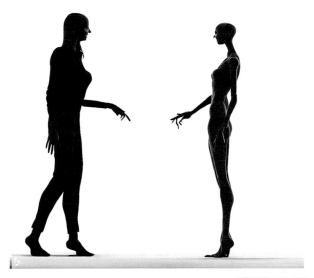

Fig. III.1 Siamo sicuri che gli alieni vogliano comunicare? Powered by ⬡ OpenAI

19

6° Drake: frazione di pianeti dove la vita decide di comunicare

Come accennato nell'introduzione, il 6° parametro di Drake, nel presente lavoro, rappresenta unicamente la frazione delle civiltà che decidono liberamente di comunicare e di non nascondersi.

Mentre il 6° parametro originario intendeva contare le civiltà che divengono tecnologiche e comunicanti, noi abbiamo delegato questo aspetto al 5° parametro tramite la definizione dell'intelligenza, derivata da Kardashev, di un **K** almeno pari a **0,7** (il nostro).

Inoltre, abbiamo ribaltato sul 7° parametro tutti quei casi in cui le civiltà *Sono Costrette* o indotte a non comunicare e, pertanto cessano di essere visibili.

Quello che resta nel 6° parametro è la scelta sociale *Deliberata* delle civiltà galattiche di non comunicare dall'inizio della loro storia. Su un argomento così sfuggente non ci sentiamo in grado di esprimere pareri scientifici e assegniamo *a tavolino* una probabilità media del 50% con uno scostamento del 10%:

Drake 6

$f_{c\,min}$	$f_{c\,max}$
$4{,}0 \cdot 10^{-1}$	$6{,}0 \cdot 10^{-1}$

E. Mieli, A. M. F. Valli, C. Maccone, *La galassia vivente*,
https://doi.org/10.1007/978-3-031-65654-5_19

20

7° Drake: frazione temporale della durata di una civiltà

Col 7° parametro, ci trasferiamo in un contesto un po' diverso dai precedenti perché dobbiamo prendere in esame non più la probabilità del manifestarsi di un evento, ma la durata del medesimo. La lognormale $\Phi(X_0)$, funzione della probabilità composta X_0, ne risulta trasformata in un'altra funzione di distribuzione $F_p(\Delta T)$, funzione del tempo ΔT di durata della civiltà galattica e dell'intervallo di confidenza p che passeremo a definire in seguito.

I problemi matematici finiscono qui, mentre quelli della scelta dei dati in ingresso sono tutti da affrontare: si tratta infati di ipotizzare quali eventi, del tutto slegati dal contesto planetario particolare, possano costituire delle *sfide*, ovvero delle strettoie universali che mettano a repentaglio una qualsiasi civiltà galattica; dobbiamo poi fissare anche la probabilità di sopravvivenza e la durata ΔT_{0j} di ogni *sfida* oltre la quale il pericolo risulta superato. Ne risulta il quadro matematico che passeremo a descrivere nelle sezioni seguenti.

Per finire, ribadiamo che abbiamo fatto delle piccole invasioni di campo sul sesto parametro di Drake (percentuale delle civiltà che scelgono di comunicare), come si potrà notare dalla quarta e dalla settima sfida (rispettivamente, l'*involuzione spontanea* e il **punto Ω**). Questo però è un falso equivoco perché in questo contesto abbiamo analizzato soprattutto le cause che, in qualche modo, portano le civiltà a non comunicare più *Dopo Un Periodo Di Comunicazione*, tralasciando al sesto parametro l'analisi delle motivazioni socioculturali che le portano ad isolarsi volontariamente dall'inizio della loro storia tenendosi sempre nascoste alle altre.

E. Mieli, A. M. F. Valli, C. Maccone, *La galassia vivente*,
https://doi.org/10.1007/978-3-031-65654-5_20

L'argomento delta-T di Gott è applicabile alla durata delle civiltà galatiche?

Nel 1993 l'astrofisico Richard Gott pubblicò un articolo dal titolo "Implications of the Copernican principle for our future prospects" [38] nel quale fece il tentativo di calcolare la probabile durata della razza umana prima della sua inevitabile estinzione. La genesi dell'articolo inizia nel 1969 quando Gott passò a Berlino e, con l'occasione, visitò il famigerato Muro. Gott applicò un ragionamento da matematico per cercare di prevedere la durata della vita del Muro: non aveva visitato l'opera nell'anno della sua costruzione (che avvenne nel 1961) né nell'anno della sua demolizione (che avvenne in seguito nel 1989), ma in *Un Momento Qualsiasi Della Sua Esistenza*; era quindi ragionevole supporre che la sua vacanza nel 1969 si collocasse entro i due quarti intermedi della vita del Muro col **50%** di probabilità. Se la visita stava avvenendo proprio all'inizio del 2° quarto (era cioè trascorso solo il primo quarto) il Muro aveva di fronte a sé ancora **3/4** di vita, ovvero sarebbe rimasto in piedi **3** volte di più del tempo intercorso dalla sua costruzione. Nel caso la visita si fosse collocata alla fine del terzo quarto, al Muro rimaneva invece solo **1/3** degli anni già trascorsi. All'epoca il Muro aveva una vita di **8** anni e Gott concluse che c'era il **50%** di probabilità che il simbolo della Guerra Fredda avesse ancora una vita oscillante dai **2,7** ai **24** anni Come sappiamo il Muro fu abbattuto **20** anni e qualche mese dopo la visita di Gott, perfettamente dentro il suo range di previsione. Secondo Gott questa analisi può essere applicata alla previsione di qualunque evento temporale purché l'osservatore si collochi all'interno di esso in modo del tutto casuale.

Abbiamo fatto l'esempio classico di una probabilità di riferimento del **50%** (**p = 1/2**), ma possiamo estendere l'esempio al caso generale di una probabilità di riferimento qualsiasi **p**. In questo caso il rapporto tra la vita futura e quella passata è espresso da:

$$\frac{\Delta T_{futuro}}{\Delta T_{passato}} = \begin{cases} \frac{1+p}{1-p} \text{ max} \\ \frac{1-p}{1+p} \text{ min} \end{cases}$$

Nel caso della durata della civiltà umana con **p = 1/2** e una durata sino ad oggi di circa **200000** anni, si otterrebbe un valore minimo futuro di circa **70000** anni e un valore massimo di **600000** anni.

Ma è corretto questo modo di procedere? A nostro giudizio NO, per due motivi:

Motivo A)
proprio per il principale prerequisito del ragionamento di Gott, ovvero la supposta casualità del momento scelto per fare il calcolo: mentre nel caso del Muro di Berlino è fuori di dubbio che la visita dell'astronomo a Berlino era svincolata dalla storia del Muro stesso, nel caso della durata di una civiltà galattica, il momento in cui ci si pone l'interrogativo di Gott non può che essere immediatamente successivo alla formulazione del pensiero matematico astratto, mille anni più, mille anni meno. Pertanto, questo non è un momento qualsiasi della nostra civiltà, ma è l'epoca immediatamente successiva alla nascita del pensiero matematico astratto; l'epoca dei Galilei, degli Einstein e dei Gott. Il ragionamento delta-T non può essere applicato e, come vedremo nelle conclusioni, sbaglia per eccesso o per difetto a seconda se intendiamo analizzare la durata della specie in toto o solo della civiltà tecnologica.

Motivo B)
non solo il momento scelto per fare il calcolo deve essere casuale all'interno della vita del processo in esame, ma tutti gli intervalli temporali del processo devono essere equiprobabili, ovvero le condizioni al contorno (come i comportamenti umani ad esempio) devono restare immutate. Come vedremo, questo non è mai vero in toto per una società complessa tecnologica.

Non seguiremo quindi la via del ragionamento delta-T di Gott, ma quella della riformulazione della funzione di distribuzione di Maccone applicata alla durata ΔT.

Il calcolo della curva di distribuzione della durata di una civiltà galattica

Come nei parametri di Drake precedenti, procediamo a definire con ordine le grandezze matematiche utilizzate:

ΔT_{0j}	è il tempo del *collo di bottiglia* o fase di *sfida*, ovvero il tempo medio di permanenza delle condizioni di rischio della fase j prima del suo superamento definitivo
A_j, B_j	sono le probabilità minima e massima, della variabile X_j, di sopravvivenza della civiltà galattica nel periodo ΔT_{0j} della fase j
$\mu \equiv \sum_j \dfrac{B_j(\ln B_j - 1) - A_j(\ln A_j - 1)}{B_j - A_j}$	è la così detta *media logaritmica* della distribuzione lognormale di Maccone

$$\sigma^2 \equiv \sum_j \left(1 - \frac{A_j B_j (\ln B_j - \ln A_j)^2}{(B_j - A_j)^2} \right)$$

è la così detta *varianza logaritmica* della distribuzione lognormale di Maccone

$$\Phi(X_0) \equiv \frac{1}{X_0} \cdot \frac{1}{\sqrt{2\pi}\sigma} e^{-\frac{(\ln(X_0)-\mu)^2}{2\sigma^2}}$$

è la distribuzione lognormale di Maccone funzione della probabilità complessiva X_0

$$\Delta T_0 = \sum_j \Delta T_{0j}$$

è il tempo totale di permanenza delle condizioni di rischio somma dei singoli ΔT_{0j}

A questo punto, dai tre valori in ingresso per ogni fase A_j, B_j, e ΔT_{0j}, applicando la formula della lognormale, si otterrebbero la media $\langle X_0 \rangle$ e la varianza $\sigma(X_0)$ della variabile casuale X_0. Tuttavia, questi sono la media e lo scostamento della probabilità di superare *Tutti* i colli di bottiglia nel tempo totale ΔT_0, mentre ora vogliamo, dato un opportuno valore di confidenza della probabilità di sopravvivenza **p** (ad esempio il **50%**), la media e lo scostamento di un'altra variabile casuale che è il tempo di sopravvivenza ΔT_p della civiltà.

Procediamo allora nel modo seguente per ottenere la distribuzione rispetto alla variabile casuale ΔT_p funzione di X_0; poniamo:

$$\frac{\Delta T_p}{\Delta T_0} \equiv \delta$$

δ è la frazione del tempo rispetto a ΔT_0 per la quale imporre la nostra probabilità di sopravvivenza **p**. Ovviamente, la probabilità di sopravvivenza alla *sfida* (*controvariante* rispetto al tempo) nel tempo ΔT_p sarà:

$$\langle X_0 \rangle^\delta = p$$

Estraendo il logaritmo naturale ed isolando ΔT_p si ottiene:

$$\Delta T_p = \left(\sum_j \Delta T_{0j} \right) \cdot \frac{\ln p}{\ln \langle X_0 \rangle} = \Delta T_0 \cdot \frac{\ln p}{\ln \langle X_0 \rangle}$$

Ponendo ora per comodità:

$$\begin{cases} -\Delta T_0 \ln p = C > 0 \\ \Delta T_p = y > 0 \end{cases}$$

l'equazione precedente si può scrivere sinteticamente:

$$y = -C / \ln(X_0)$$

dove, si badi bene, siamo passati dal valor medio $<X_0>$ alla variabile casuale X_0 completa. Invertendo l'ultima espressione, si ha:

$$X_0 = e^{-\frac{C}{y}}$$

che è una funzione monotona crescente. Allora, secondo il teorema di distribuzione di una funzione di una variabile casuale, la nuova distribuzione per la variabile $y = \Delta T_p$ si ottiene dalla distribuzione lognormale $\Phi(X_0)$ sostituendo il valore appena trovato di X_0 in funzione di y e moltiplicando il tutto per la derivata di X_0 sempre in funzione di y. Ovvero:

$$F_p(y) = \Phi\left(e^{-\frac{C}{y}}\right) \cdot \left(e^{-\frac{C}{y}} \cdot \frac{C}{y^2}\right)$$

Sostituendo i valori noti di y e C, abbiamo:

$$F_p(\Delta T_p) = \Phi\left(e^{\frac{\Delta T_0 \ln p}{\Delta T_p}}\right) \cdot e^{\frac{\Delta T_0 \ln p}{\Delta T_p}} \cdot \left(\frac{-\Delta T_0 \ln p}{\Delta T_p^{\,2}}\right)$$

Ed infine, in forma più compatta:

$$F_p(\Delta T_p) = \Phi\left(p^{\frac{\Delta T_0}{\Delta T_p}}\right) \cdot p^{\frac{\Delta T_0}{\Delta T_p}} \cdot \left(\frac{\Delta T_0 \ln \frac{1}{p}}{\Delta T_p^{\,2}}\right)$$

Questa è la nostra funzione di distribuzione della durata delle civiltà galattiche. Una volta inseriti i valori in ingresso di tutte le fasi/sfide A_j, B_j, e ΔT_{0j}, calcoleremo $<\Delta T_p>$ e $\sigma(\Delta T_p)$, dalle definizioni stesse di media e varianza, con metodi numerici. Le curve riportate in Fig. 20.1 mostrano, a titolo di esempio, nel riquadro **A**, la classica funzione lognormale di Maccone rispetto al valore temporale fisso di $\Delta T_0 = 450000$ anni determinato dalla somma di tutte le fasi critiche; il riquadro **B** rappresenta invece le funzioni di distribuzione della durata ΔT_p di una civiltà galattica, calcolata a partire dalla funzione lognormale di Maccone, ed imponendo delle probabilità di sopravvivenza della civiltà progressivamente dal **40%** al **60%**: è evidente la discesa del tempo ΔT_p al crescere della probabilità di sopravvivenza scelta a riferimento.

Verifichiamo questo risultato trovando il luogo dei punti di massimo delle curve riportate in Fig. 20.1b. Ricordiamo che le ascisse di tali punti non sono esattamente i valori medi delle curve perché quest'ultime non sono perfettamente simmetriche, ma possiamo fare comunque questa approssimazione.

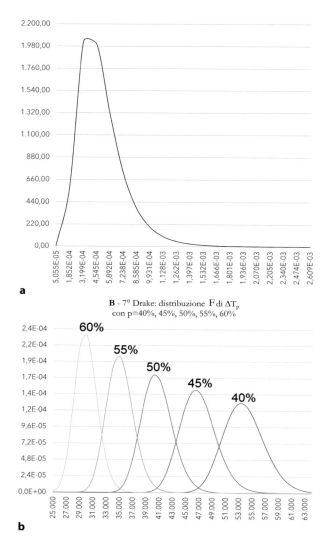

A - 7° Drake: lognormale Φ della frazione X_0 con $\Delta T_0=450.000$

a

B - 7° Drake: distribuzione F di ΔT_p
con p=40%, 45%, 50%, 55%, 60%

b

Fig. 20.1   7° Drake: **a** classica funzione lognormale di Maccone; **b** funzioni di distribuzione della durata ΔT_p. (IJA 14/06/2023 Mieli, Valli, Maccone)∎

Calcoliamo, innanzitutto, la derivata rispetto a ΔT_p della nostra funzione di distribuzione $F(\Delta T_p)$. Il calcolo è un po' laborioso, ma dopo qualche passaggio (Appendice **C**) otterremo la funzione derivata riportata sotto:

$$\frac{d}{d\Delta T_p} F(\Delta T_p) = -\Phi\left(p^{\frac{\Delta T_0}{\Delta T_p}}\right) \cdot p^{\frac{\Delta T_0}{\Delta T_p}} \cdot \left(\frac{\Delta T_0 \ln\frac{1}{p}}{\sigma^2 \Delta T_p{}^4}\right)$$

$$\cdot \left[\left(\ln\left(\frac{1}{p}\right)\frac{\Delta T_0}{\Delta T_p} + \mu\right) \ln\left(\frac{1}{p}\right)\Delta T_0 - 2\Delta T_p \sigma^2\right]$$

Ponendo la condizione di punto stazionario della derivata (non riportiamo, per brevità la condizione sulla derivata seconda < **0**):

$$\frac{d}{d\Delta T_p} F(\Delta T_p) = 0$$

otteniamo l'equazione di secondo grado con $y = \Delta T_p$:

$$(-2\sigma^2)y^2 + \left(\mu y_0 \ln\left(\frac{1}{p}\right)\right)y + \left(y_0 \ln\left(\frac{1}{p}\right)\right)^2 = 0$$

Che ha un'unica soluzione per valori positivi di ΔT_p.
Le coordinate paramentriche, rispetto al parametro **p**, dei punti di massimo risultano allora:

$$\begin{cases} \Delta T_{pMAX} = C \cdot \ln\left(\frac{1}{p}\right)\Delta T_0 \\ F(\Delta T_{pMAX}) = D \cdot \dfrac{1}{\ln\left(\frac{1}{p}\right)\Delta T_0} \end{cases}$$

e, di conseguenza, dalla prima delle due:

$$\begin{cases} p = e^{-\frac{\Delta T_{pMAX}}{\tau}} \\ \tau = C \cdot \Delta T_0 \end{cases}$$

avendo posto le costanti positive:

$$
\begin{cases}
C = \left(\dfrac{\sqrt{\mu^2+8\sigma^2}+\mu}{4\sigma^2} \right) > 0 \\[4mm]
D = \dfrac{\exp\left[-\dfrac{1}{2\sigma^2} \left(\dfrac{4\sigma^2}{\sqrt{\mu^2+8\sigma^2}+\mu} +\mu \right)^2 \right]}{\sqrt{2\pi}\sigma\left(\dfrac{\sqrt{\mu^2+8\sigma^2}+\mu}{4\sigma^2} \right)^2} > 0
\end{cases}
$$

Il prodotto $C \cdot D = \mathbf{cost} > 0$, pertanto:

$$
\Delta T_{pMAX} \cdot F\left(\Delta T_{pMAX}\right) = C \cdot D = \frac{\exp\left[-\dfrac{1}{2\sigma^2} \left(\dfrac{4\sigma^2}{\sqrt{\mu^2+8\sigma^2}+\mu} + \mu \right)^2 \right]}{\sqrt{2\pi}\sigma\left(\dfrac{\sqrt{\mu^2+8\sigma^2}+\mu}{4\sigma^2} \right)} = \text{cost}
$$

allora, il luogo dei punti di massimo delle nostre distribuzioni temporali sarà un ramo d'iperbole equilatera come dovevamo aspettarci (Fig. 20.2a).

Questo significa che, analizzando i due casi limite banali, la certezza di sopravvivere ($\mathbf{p} \to \mathbf{1}^-$ ovvero la probabilità che tende a **1** da sinistra) fa divergere la nostra funzione di distribuzione temporale in una delta di Dirac nell'origine dei tempi, il che tradotto in parole povere significa che solo l'*oggi* è certo, mentre, per probabilità infinitesime ($\mathbf{p} \to \mathbf{0}^+$ ovvero la probabilità che tende a 0 da destra), diverge sia la durata della civiltà che la sua deviazione, il che significa che la civiltà potrebbe durare un tempo arbitrario. Solo i casi intermedi, ad esempio ($\mathbf{p} = \mathbf{0{,}5}$), ci danno informazioni utili per la nostra distribuzione dei tempi di vita. La Fig. 20.2b è, banalmente, la discesa esponenziale della probabilità di sopravvivenza al tempo $\mathbf{\Delta T}$ con, ad esempio, $\tau = 72300$.

Le 7 sfide delle civiltà galattiche (e i piani B)

Le due difficoltà che dobbiamo risolvere ora sono le seguenti:

A immaginare scenari futuri anche remoti nello spazio e nel tempo
B svincolare tali scenari dal nostro contesto planetario e culturale.

In altri termini: quali potrebbero essere le sfide che molto probabilmente una civiltà galattica *Qualsiasi* in evoluzione dovrebbe affrontare per perdurare nel tempo? Abbiamo ipotizzato i seguenti sette fattori di rischio ed un piano B per ciascuno:

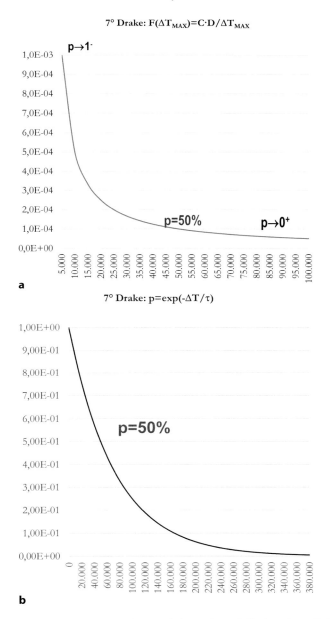

Fig. 20.2 7° Drake: **a** la discesa equilatera del massimo delle funzioni di distribuzione della durata della civiltà; **b** la discesa esponenziale della probabilità di sopravvivenza al tempo ΔT con un τ = 72300 anni circa. (IJA 14/06/2023 Mieli, Valli, Maccone)

1 autodistruzione dovuta ad insufficienza evolutiva
2 autodistruzione dovuto ad un errore tecnologico
3 insufficienza tecnologica per far fronte a mutamenti planetari
4 involuzione naturale spontanea della civiltà
5 involuzione genetica artificiale della civiltà
6 transizione robotica finita su un binario morto
7 raggiungimento **punto Ω** e successivo isolamento dell'intelligenza evoluta

Piani B – viaggio interstellare in caso di fallimento

I primi tre li conosciamo bene perché sono tipici di una civiltà tecnologica agli albori come la nostra e quindi oggi sono oggetto di acceso dibattito. Le restanti quattro sono scenari che potrebbero sopraggiungere una volta superate le prime tre; ci appaiono magari meno temibili perché non sono (o sembrano) dietro l'angolo, ma, ragionando in termini di decine di migliaia di anni, costituiscono insidie altrettanto devastanti delle prime.

Il viaggio interstellare è la potenziale via di fuga da un ipotetico fallimento con le diverse sfide. Dato che le sfide si presentano in periodi più o meno precoci della civiltà, il viaggio interstellare è una scappatoia efficace o meno a seconda della sfida a cui è applicato.

La prima sfida: autodistruzione dovuta ad insufficienza evolutiva

È inevitabile che una specie intelligente provvista del bagaglio istintuale e culturale che l'ha sostenuta nel suo cammino evolutivo, ad un certo punto si trovi di fronte ad una improvvisa accelerazione tecnologica. Il motivo è ovvio: la scienza, ma anche spesso la natura, non progredisce gradualmente, ma procede a salti improvvisi ed inaspettati, seguiti da periodi di relativa stasi. Queste accelerazioni sono un rischio (Fig. 20.3).

Nel nostro precedente paragrafo sul 5° parametro di Drake abbiamo seguito le orme di Kardashev per catalogare il livello di una civiltà galattica su quattro livelli:

$W_1 = 10^{16}$ Watt	è tutta la potenza solare che riceve un pianeta roccioso orbitante nella sua zona di abitabilità
$W_2 = 10^{11} \cdot W_1$	è tutta la potenza irradiata dalla stella
$W_3 = 10^{11} \cdot W_2$	è tutta la potenza irradiata dalla galassia
$W_4 = 10^{11} \cdot W_3$	è tutta la potenza irradiata dall'universo osservabile

Secondo questa scala il livello di una civiltà, che sviluppa una potenza totale W_{CET}, è espresso dall'indice **k = 1, 2, 3** e **4** a pendice delle potenze W_K e si calcola:

$$K = \frac{\log_{10}(W_{CET}) - 5}{11}$$

Fig. 20.3   Esito dell'insufficienza evolutiva a gestire l'energia. Powered by ⑤ OpenAI

Per una comune specie animale (noi compresi fino a due secoli fa) **K** non supera **0,6**, ma per noi oggi già si attesta su **0,7** ed è in continua crescita. Questo significa che il nostro accesso all'energia si sta incrementando e, contemporaneamente, sta crescendo il livello di responsabilità che dobbiamo avere nella gestione di tale livello di energia. In poche parole, una generica civiltà galattica deve cercare di non *scottarsi col fuoco* una volta scoperto, soprattutto se i livelli di energia coinvolti sono di dimensioni planetarie, come lo è l'energia atomica nel nostro caso attuale.

Tuttavia, una civiltà galattica non ha, automaticamente, all'interno del proprio patrimonio di istinti, tali capacità; e questo semplicemente perché i mutamenti tecnologici appartengono solo all'ultima fase del suo sviluppo, ovvero alla cultura. Possiamo solo sperare che la cultura riesca a incanalare in tempo nella giusta direzione i comportamenti provenienti dalla base naturale che ha forgiato la specie in questione. È un compito arduo, forse disperato, ma la posta in gioco è massima: è la sopravvivenza nel futuro immediato. È quello che dobbiamo fare noi nel controllo degli armamenti nucleari, e non solo.

Riteniamo plausibile che questo passaggio sia universale per le civiltà galattiche e che sia molto difficile da superare (appena intorno al 10%). La sfida si presenta dal momento che, potenzialmente, una civiltà è in grado di esprimere una tecnologia e termina nel momento in cui la cultura della società ha disinnescato qualsiasi strascico, proveniente dal passato naturale, che possa portare all'autodistruzione (circa 100000 anni): la probabilità di superare la sfida è compresa tra 0,05 e 0,15 su un tempo limite della sfida di 100000 anni.

Sfida 1

A₁	B₁	ΔT₀₁
0,05	0,15	100000

La seconda sfida: autodistruzione dovuto ad un errore tecnologico

Questo secondo caso assomiglia al primo, ma manca il *dolo*, ovvero, pur dipendendo sempre da una cattiva gestione della tecnologia acquisita, l'autodistruzione è dovuta ad un errore di valutazione dove né la natura né la cultura di una civiltà hanno alcuna responsabilità. Ad esempio, una guerra atomica potrebbe verificarsi anche per un mero equivoco, oppure una malattia potrebbe diffondersi involontariamente da un laboratorio di ricerca (Fig. 20.4).

È una sfida che può sovrapporsi temporalmente anche parzialmente con la prima, ma che tende ad arrivare più tardi, quando la potenza tecnologica acquisita è molto alta, i problemi sembrano risolti e la civiltà abbassa il suo livello di controllo sulle potenziali conseguenze delle proprie azioni.

Anche questo passaggio è inevitabile per le civiltà galattiche ed abbastanza difficile da superare (intorno al **20%**). La sfida si presenta dal momento che una civiltà è in possesso di una tecnologia matura e termina nel momento in cui la tecnologia stessa fornisca gli strumenti sufficienti a mettere la civiltà in sicurezza, come ad esempio i viaggi interstellari: la probabilità di superare la sfida è compresa tra 0,1 e 0,3 su un tempo limite della sfida di 50000 anni.

Sfida 2

A₂	B₂	ΔT₀₂
0,1	0,3	50000

La terza sfida: insufficienza tecnologica ad affrontare i mutamenti planetari sopraggiunti

Questa fase dipende strettamente dal terzo parametro di Drake che ci dà la probabilità dei pianeti di tipo terrestre di rimanere stabilmente nella loro zona di abitabilità. Dato che anche il terzo parametro ha una sua distribuzione statistica dobbiamo considerare anche pianeti sottoposti a traumi, anche se non definitivi, ma comunque significativi, della loro stabilità nel corso dell'esistenza di una

Fig. 20.4   Esito di errori tecnologici imprevisti. Powered by OpenAI

civiltà: ne sono esempi noti il bombardamento meteorico ricorrente, eventuali spostamenti importanti dell'asse di rotazione del pianeta, mutamenti climatici severi dovuti all'attività geologica (Fig. 20.5).

In questo caso l'unica contromisura cha una civiltà ha per fronteggiare tali eventi è un adeguato livello tecnologico, diciamo il raggiungimento di un parametro di Kardashev tra **1** e **2**, che non è poco.

Questo passaggio è meno comune dei precedenti per le civiltà galattiche (infatti dipende dal 3° parametro) ed è più facile da superare (intorno al **50%**). Anche in questo caso, la sfida si presenta dal momento che una civiltà è in possesso di una tecnologia matura e termina nel momento in cui la tecnologia stessa fornisca gli strumenti sufficienti a mettere la civiltà in sicurezza: la probabilità di superare la sfida è compresa tra 0,4 e 0,6 su un tempo limite della sfida di 20000 anni.

Sfida 3

A_3	B_3	ΔT_{03}
0,4	0,6	20000

Fig. 20.5 Esito di mutamenti planetari imprevisti. [Powered by ⑯ OpenAI]

La quarta sfida: involuzione spontanea

Con questo parametro ci allontaniamo nel futuro *vero*, ossia in quegli scenari meno familiari alla scienza e più battuti dalla fantascienza. Il fatto che una civiltà debba necessariamente progredire, nel senso tecnologico del termine, è sicuramente una nostra convinzione dettata dalla continua presenza di una pressione ambientale, spesso causata da noi stessi, che favorisce una civiltà tecnologicamente avanzata rispetto ad una meno avanzata, *Qualunque Sia Il Prezzo Da Pagare*. Già nel nostro piccolo di civiltà terrestre, abbiamo appreso che questo non sempre è vero, o meglio, non è possibile parlare di progresso tecnologico senza considerare il prezzo da pagare (Fig. 20.6).

Ovviamente non pensiamo che le civiltà galattiche siano massicciamente esposte ad una sindrome da *figli dei fiori*, ma che, nei casi dove i pericoli esterni ed interni sembrano meno incombenti, la scelta di non progredire, e quindi non rischiare, sia possibile. In quei casi la civiltà potrebbe scegliere deliberatamente di non diventare mai una CET (civiltà extra terreste) evoluta con un parametro di Kardashev alto, ma di fare la propria vita comodamente col proprio **K** tra **0,6** e **0,7** senza troppi traumi e con scarse probabilità di essere individuata.

C'è anche il caso che questo fenomeno involutivo sia determinato dalla progressiva robotizzazione delle attività a scapito delle iniziative della civiltà che ha originariamente creato quegli automatismi. Insomma, se le macchine fanno tutto,

Fig. 20.6 Comunità aliena involuta. Powered by ⑤ OpenAI

a quale scopo cambiare, evolversi, esplorare e soprattutto rischiare? Una civiltà potrebbe involontariamente inaridirsi e restare al palo [42].

Reputiamo anche questo passaggio poco comune per le civiltà galattiche e facile da superare (intorno all'**80%**). La sfida si presenta dal momento che una civiltà è in possesso di una tecnologia discretamente matura da farla sentire al sicuro e termina nel momento in cui ha scelto di espandersi oltre il proprio pianeta: la probabilità di superare la sfida è compresa tra 0,7 e 0,9 su un tempo limite della sfida di 30000 anni.

Sfida 4

A_4	B_4	ΔT_{04}
0,7	0,9	30000

La quinta sfida: la transizione genetica artificiale finita su un binario morto

Qualche anno fa potevamo pensare di trattare questo parametro come uno degli scenari fantascientifici remoti, ed invece dobbiamo constatare che nel 2014 è uscito l'articolo "The new frontier of genome engineering with CRISPR-Cas9" di Jennifer A. Doudna e Emmanuelle Charpentier [20] che di fatto aprono la strada alla manipolazione genetica di precisione (Fig. 20.7).

Ciò comporta che la valutazione di questo scenario è in sovrapposizione col primo scenario che tratta invece del rischio di autodistruzione dovuto a limiti insiti nella specie (meno elegantemente detto *ottusità*). Tralasciamo quindi la parte legata al primo parametro, perché già trattata, occupandoci solo delle conseguenze a lungo termine di una potenziale deriva negativa conseguente alla manipolazione genetica.

Le conseguenze negative della manipolazione genetica potrebbero essere le seguenti: a differenza della selezione naturale che avviene su periodi geologici e dà il tempo all'ecosistema di essere sempre in equilibrio in tutte le sue parti, la manipolazione genetica artificiale viene decisa a tavolino in tempi brevissimi, senza la certezza che l'ecosistema vada nuovamente in equilibrio. Un utilizzo superficiale di queste tecnologie (non parliamo adesso di noi terrestri che ne faremo senz'altro un uso superficiale) potrebbe portare a conseguenze indesiderate magari sul medio e lungo periodo, come ad esempio una progressiva riduzione del numero di individui dovuta ad una infertilità accidentale o a fenomeni analoghi.

Questo passaggio è probabilmente comune per le civiltà galattiche e abbastanza facile da superare (intorno al **70%**). La sfida si presenta dal momento che una civiltà è in possesso di una tecnologia sufficientemente sofisticata (per noi è oggi!) e termina nel momento in cui tale tecnologia è ad alto livello da poter cor-

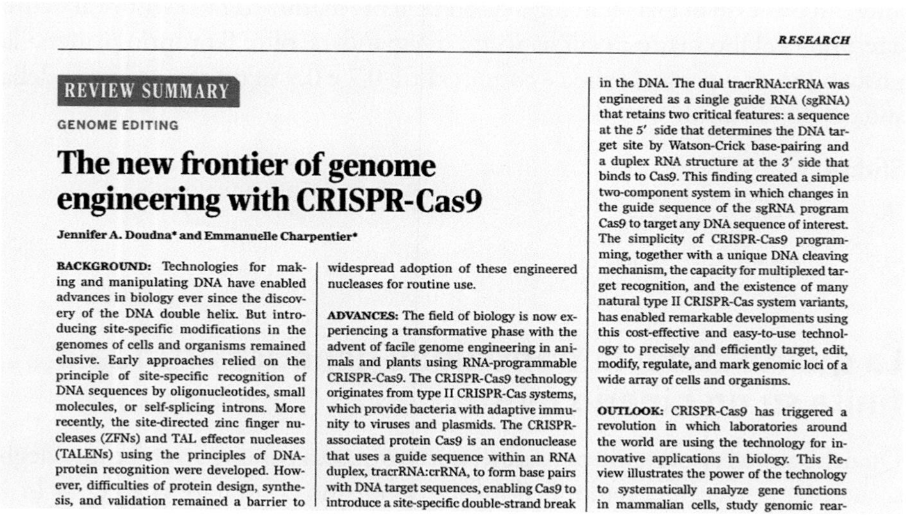

RESEARCH

REVIEW SUMMARY

GENOME EDITING

The new frontier of genome engineering with CRISPR-Cas9

Jennifer A. Doudna* and Emmanuelle Charpentier*

BACKGROUND: Technologies for making and manipulating DNA have enabled advances in biology ever since the discovery of the DNA double helix. But introducing site-specific modifications in the genomes of cells and organisms remained elusive. Early approaches relied on the principle of site-specific recognition of DNA sequences by oligonucleotides, small molecules, or self-splicing introns. More recently, the site-directed zinc finger nucleases (ZFNs) and TAL effector nucleases (TALENs) using the principles of DNA-protein recognition were developed. However, difficulties of protein design, synthesis, and validation remained a barrier to widespread adoption of these engineered nucleases for routine use.

ADVANCES: The field of biology is now experiencing a transformative phase with the advent of facile genome engineering in animals and plants using RNA-programmable CRISPR-Cas9. The CRISPR-Cas9 technology originates from type II CRISPR-Cas systems, which provide bacteria with adaptive immunity to viruses and plasmids. The CRISPR-associated protein Cas9 is an endonuclease that uses a guide sequence within a RNA duplex, tracrRNA:crRNA, to form base pairs with DNA target sequences, enabling Cas9 to introduce a site-specific double-strand break

in the DNA. The dual tracrRNA:crRNA was engineered as a single guide RNA (sgRNA) that retains two critical features: a sequence at the 5′ side that determines the DNA target site by Watson-Crick base-pairing and a duplex RNA structure at the 3′ side that binds to Cas9. This finding created a simple two-component system in which changes in the guide sequence of the sgRNA program Cas9 to target any DNA sequence of interest. The simplicity of CRISPR-Cas9 programming, together with a unique DNA cleaving mechanism, the capacity for multiplexed target recognition, and the existence of many natural type II CRISPR-Cas system variants, has enabled remarkable developments using this cost-effective and easy-to-use technology to precisely and efficiently target, edit, modify, regulate, and mark genomic loci of a wide array of cells and organisms.

OUTLOOK: CRISPR-Cas9 has triggered a revolution in which laboratories around the world are using the technology for innovative applications in biology. This Review illustrates the power of the technology to systematically analyze gene functions in mammalian cells, study genomic rear-

Fig. 20.7   L'articolo dei premi Nobel, Jennifer A. Doudna ed Emmanuelle Charpentier, scopritrici del CRISPR-Cas9

reggere sé stessa in caso di necessità: la probabilità di superare la sfida è compresa tra 0,5 e 0,8 su un tempo limite della sfida di 50000 anni.

Sfida 5

A_5	B_5	ΔT_{05}
0,5	0,8	50000

La sesta sfida: transizione dell'intelligenza artificiale finita su un binario morto

Non si può affrontare questo parametro senza definire cosa intendiamo per *Intelligenza Artificiale*. A tal fine seguiremo i passi di Roger Penrose che con la sua monumentale opera "La nuova mente dell'imperatore" [86], del 1990, seguita da "Ombre della mente" [87], del 1994, è una pietra angolare di questo argomento (Fig. 20.8).

L'intelligenza artificiale non è la mera automazione di cui si è accennato nella quarta sfida (robotizzazione), ma la vera e propria nascita di coscienze sintetiche. Penrose definisce la semplice automazione, alla quale fanno parte la totalità delle macchine sino ad oggi costruite, **I**ntelligenza **A**rtificiale **D**ebole (**IAD**), mentre la possibilità di realizzare macchine coscienti viene definita **I**ntelligenza **A**rtificiale **F**orte (**IAF**). La potenza del ragionamento di Penrose risiede nell'aver dimostrato che la seconda NON può essere una semplice estensione della prima, cioè le macchine, per quanto complesse, *Basate Solo Su Un Funzionamento Algoritmico* non possono diventare coscienti.

La dimostrazione è articolata, ma vale la pena farne un breve cenno: tramite il teorema dell'incompletezza di Gödel del 1931 [36], Penrose fa notare che la possibilità di formulare un teorema indimostrabile, ma vero, come quello costruito da Gödel, è la chiara dimostrazione dell'impossibilità di una macchina di fare altrettanto; il teorema, infatti, afferma che è possibile costruire un numero infinito di teoremi *Veri*, ma *Non Dimostrabili* tramite un sistema formale di partenza ed un numero finito di assiomi; tale sistema funzionerebbe, di fatto, come un algoritmo. Come fa allora la mente umana, se funzionasse come un algoritmo per quanto complesso, a formulare un teorema come quello costruito nella prova di Gödel? La risposta è che la mente umana è cosciente e la coscienza *Non* si basa su un algoritmo, ma su qualcosa di ulteriore. Per Penrose questo di più è un aspetto della meccanica quantistica ancora controverso, ovvero il collasso della funzione d'onda quantistica; quest'ultimo fenomeno non avverrebbe secondo il meccanismo soggettivo descritto dall'interpretazione classica di Copenaghen (ovvero il sistema analizzato *decide* il risultato della misura nel momento in cui interagisce con l'osservatore), ma secondo un meccanismo spontaneo, oggettivo

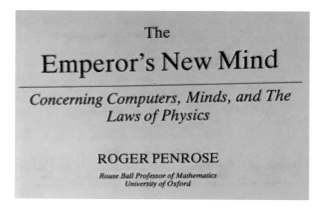

Fig. 20.8 *La nuova mente dell'imperatore*, il principale lavoro del premio Nobel Roger Penrose, creatore della separazione assoluta tra Intelligenza Artificiale Forte (IAF) e Intelligenza Artificiale Debole (IAD)

e slegato dall'osservatore e legato invece al livello di energia coinvolta. Il processo avverrebbe all'interno dei microtubuli del citoscheletro dei neuroni. È di ottobre 2022 un'ulteriore conferma di questa linea di pensiero fornita da Christian Matthias Kerskens e David López Pérez [53].

Senza addentrarci ulteriormente su questo tema, quello che ci interessa adesso notare è che siamo lontani dal costruire macchine coscienti; possiamo al più costruire degli ottimi e veloci automatismi, nulla di più. Per costruire vere macchine coscienti dovremmo dotarle di un meccanismo, altrettanto efficace di quello presente nel cervello degli animali, di *collasso oggettivo della funzione d'onda quantistica*.

Tutto questo può sembrare un po' astratto e naïf, ma Penrose formula questa ipotesi nel 1990, quando si pensava che la *legge di Moore* (Fig. 20.9) sull'incremento esponenziale della potenza di calcolo ci avrebbe portato inevitabilmente ed in pochi anni all'intelligenza artificiale. Dopo più di trent'anni abbiamo solo macchine molto veloci, ma che non riescono a fare alcuna vera valutazione senza aver ricevuto un'adeguata un'istruzione in merito. E allora di cosa si parla quando discutiamo di transizione verso l'intelligenza artificiale? Non intendiamo certo la centralina di controllo della stazione spaziale internazionale e tantomeno i molti sistemi a risposta vocale che sono *stupidi* quanto un termostato. Intendiamo proprio quel cambiamento tecnologico che dà accesso alle macchine verso il vero meccanismo della coscienza animale. Se questo salto avvenisse, allora sì, una civiltà galattica dovrebbe porsi il problema di come gestire queste nuove coscienze sintetiche, allo stesso modo di come, nella sfida numero cinque, si è dovuta porre il problema di gestire la transizione genetica artificiale.

Abbiamo quindi appreso che, mentre la transizione genetica qui da noi sta già avvenendo dopo la scoperta del CRISPR-Cas9, quella della IAF è invece ancora

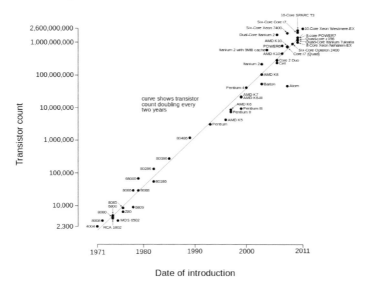

Fig. 20.9 Grafico della legge di Moore sull'aumento esponenziale della potenza di calcolo col tempo. (Wgsimon)

lontana. Ma, se avvenisse, quale sarebbe la sfida che una civiltà galattica dovrebbe affrontare?

La letteratura di fantascienza è stracolma di racconti sul tema. Possiamo sintetizzarli tutti in una frase: una civiltà si troverebbe a dover gestire l'insorgenza di una nuova *specie* sintetica che, potenzialmente, avrebbe tutte le leve per metterla all'angolo. Per ovviare a questo pericolo, la neonata coscienza sintetica (IAF) andrebbe rigidamente separata dagli straordinari strumenti tecnologici che invece provengono dall'automazione (IAD). Questa è la sfida: non mettere una bomba atomica in mano ad una macchina cosciente. In caso di fallimento, la civiltà galattica potrebbe essere distrutta dalla civiltà sintetica emergente e poi quest'ultima potrebbe non avere gli strumenti o le motivazioni per sopravvivere essa stessa (in fondo, da cosa è spinta una coscienza sintetica?).

Questo passaggio ha le medesime caratteristiche probabilistiche e temporali del precedente (poco importa se da noi il primo si sta verificando e l'altro ancora no): la probabilità di superare la sfida è compresa tra 0,5 e 0,8 su un tempo limite della sfida di 50000 anni.

Sfida 6

A_6	B_6	ΔT_{06}
0,5	0,8	50000

La settima sfida: raggiungimento del punto Ω

Se la sesta sfida fosse superata, tutti i problemi legati ad una IAF (Intelligenza Artificiale Forte) sarebbero risolti? Lo scrittore e matematico Vernor Steffen Vinge nel 1993 ipotizzò il verificarsi di un fenomeno chiamato *singolarità* della civiltà o **punto Ω** [113]. Con tale termine s'intende un'autentica esplosione d'intelligenza dovuta al trasferimento del suo principio di sviluppo da basi organiche a basi sintetiche con conseguente accelerazione della tendenza al miglioramento; in breve: una civiltà progetta e costruisce macchine intelligenti che a loro volta progettano e costruiscono macchine più intelligenti e così via (Fig. 20.10).

È facile rendersi conto che, qualora il problema della realizzazione della IAF e del suo imbrigliamento su territori sicuri fossero risolti, il destino di una civiltà potrebbe essere il **punto Ω**. La caratteristica del punto o singolarità è proprio quella di andare al di là della nostra comprensione sia logico-scientifica che morale. Come per un buco nero, del **punto Ω** sappiamo solo che l'intelligenza in tale punto si dilata e le decisioni che verranno prese da una civiltà del genere sono per noi inaccessibili. Una delle decisioni possibili è quella di uscire definitivamente dai radar delle civiltà *primitive* (come le formiche, per noi) in quanto **NON Ω** e quindi di fare in modo da essere del tutto invisibili agli altri.

Non possiamo escludere la possibilità di arrivare a un esito così esotico per una civiltà galattica, ma, come abbiamo già detto nel sesto punto, sappiamo ancora troppo poco su quali siano i meccanismi della IAF per poter dire che un **punto Ω** sia inevitabile. Per questo motivo attribuisco al superamento del rischio del punto **Ω** un'alta probabilità di riuscita: la probabilità di superare la sfida è compresa tra 0,5 e 0,9 su un tempo limite della sfida di 100000 anni.

Sfida 7

A_7	B_7	ΔT_{07}
0,5	0,9	100000

Il piano B: la fuga verso altri pianeti ed il viaggio interstellare

È ragionevole pensare che, in caso di fallimento annunciato in una o più delle precedenti sfide, le civiltà galattiche tentino di spostarsi in altri sistemi solari reputati idonei. Bisogna sottolineare che questi non sono viaggi preventivati, ma dettati da emergenze; quindi, la loro probabilità di successo è bassa, soprattutto se la civiltà galattica non è abbastanza matura [68]. Per tener conto della maturità della civiltà nel momento in cui potrebbe tentare il viaggio interstellare, abbiamo assegnato

Fig. 20.10 Il **punto** Ω è l'inarrestabile progresso della coscienza artificiale, una volta che si è formata ed ha acquisito autonomia per migliorare se stessa. [Powered by ⑤ OpenAI]

delle probabilità variabili e via via crescenti π_j al crescere del bagaglio tecnologico ipotetico presente al momento del presentarsi della sfida in questione.

Le probabilità minima e massima $\mathbf{A}_j$ e $\mathbf{B}_j$, precedentemente definite, vanno allora corrette tramite la seguente formula:

$$A'_j = A_j + (1 - A_j)\pi_j$$

$$B'_j = B_j + (1 - B_j)\pi_j$$

Tab. 20.1 7° Drake: le probabilità $\mathbf{p}_j$ di successo dei piani B relativi a ciascuna delle sette sfide del 7° parametro. (IJA 14/06/2023 Mieli, Valli, Maccone)

Sfida		π_j [%]
1	Autodistruzione dovuta ad insufficienza evolutiva	1
2	Errore tecnologico involontario	3
3	Insufficienza tecnologica ad affrontare mutamenti planetari	5
4	Involuzione spontanea	10
5	Transizione genetica artificiale finita su un binario morto	20
6	Transizione dell'intelligenza artificiale finita su un binario morto	20
7	Raggiungimento **punto** Ω	50

In questo modo i valori A_j' e B_j', che tengono conto del piano B di spostamento interstellare, risultano leggermente aumentati rispetto a A_j e B_j. Le probabilità assegnate π_j sono riportate in Tab. 20.1.

Il calcolo del 7° parametro di Drake

A questo punto abbiamo tutti gli elementi per calcolare la durata di una civiltà galattica. Le Tab. 20.2 e le Fig. 20.11 riportano il calcolo svolto a partire dai quattro valori in ingresso per ogni sfida. Il risultante parametro f_L non è altro che il rapporto tra la durata trovata (circa **50000** anni) e la durata dell'ultima popolazione stellare (**7 Ga**):

$$f_L = 7{,}3 \cdot 10^{-6}$$

Drake 7 (civiltà statica)

$f_{L\,min}$	$f_{L\,max}$
$6{,}3 \cdot 10^{-6}$	$8{,}3 \cdot 10^{-6}$

Per onestà dobbiamo dire che abbiamo sino a qui ipotizzato che la probabilità p_0 calcolata con la lognormale sul tempo totale ΔT_0 fosse all'incirca indipendente dal tempo e quindi la sua estrapolazione al tempo ΔT, come abbiamo visto, seguisse una semplice legge esponenziale del tipo:

$$p = \exp(-\Delta T / t)$$

ma questo in realtà *Non È Vero* perché, soprattutto per valori di ΔT inferiori a ΔT_0, la probabilità non è altro che la composizione parziale delle diverse proba-

Tab. 20.2   7° Drake: i 28 valori in ingresso del 7° parametro. (IJA 14/06/2023 Mieli, Valli, Maccone)

Fase	Probabilità minima nel tempo ΔT_{0j}	Probabilità massima nel tempo ΔT_{0j}	Temp massimo fase j (anni)	Piano B fuga
	A_j	B_j	ΔT_{0j}	π_j [%]
1	0,05	0,15	100000	1
2	0,10	0,30	50000	3
3	0,40	0,60	20000	5
4	0,70	0,90	30000	10
5	0,50	0,80	50000	20
6	0,50	0,80	50000	20
7	0,50	0,90	100000	50

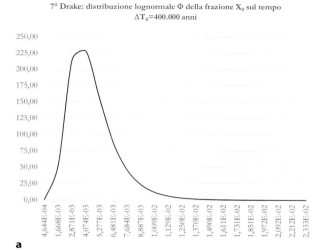

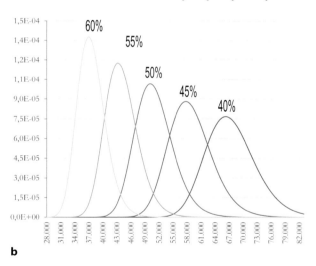

Fig. 20.11 7° Drake: **a** lognormale di Maccone Φ della probabilità X_0 di superare l'intero processo ΔT_0; **b** distribuzione F della durata ΔT per cinque valori della probabilità di riferimento p. (IJA 14/06/2023 Mieli, Valli, Maccone)

bilità delle singole sette sfide, il che ci porta ad una curva di **p** e della sua derivata cambiata di segno (che è la distribuzione della densità di probabilità di **p** su $\mathbf{\Delta T}$) più complessa, come raffigurato in Fig. 20.12. Tuttavia il calcolo del 7° parametro di Drake con questo metodo più laborioso ci porterebbe ad un risultato sullo stesso ordine di grandezza di quello da noi trovato ipotizzando una probabilità rigidamente indipendente dal tempo.

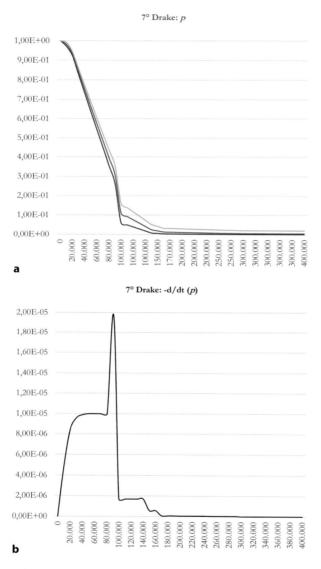

Fig. 20.12 7° Drake: **a** la discesa reale della probabilità di sopravvivenza al tempo ΔT per il caso delle sette sfide; **b** la funzione di distribuzione reale della probabilità di sopravvivenza al tempo ΔT per il caso delle sette sfide. (IJA 14/06/2023 Mieli, Valli, Maccone)

21

Considerazioni sul settimo parametro

Come si vede dalla Fig. 20.11b, abbiamo trovato una durata media delle civiltà galattiche di circa **50000** anni con uno scostamento di **7000**. Presupponendo ora una durata ragionevole della vita del pianeta nella regione di abitabilità di circa **7 Ga** (ricordiamo che il 3° parametro di Drake ci assicura questo), il valore della frazione temporale di vita della civiltà è $7,3 \cdot 10^{-6}$ con uno scostamento di 10^{-6}. Questo vuol dire che la nostra civiltà galattica ha un tempo totale di circa **50000** anni, a partire dal livello tecnologico attuale, durante il quale può riconoscere ed essere riconosciuta da altre civiltà.

Torniamo brevemente al ragionamento delta-T che, come ricorderete, non abbiamo ritenuto applicabile: Gott aveva trovato un valore della durata della **Specie Umana** tra **70000** e **600000** anni con una probabilità del **50%**. Adesso invece, abbiamo trovato un valore della durata della **Civiltà** galattica tra **44000** e **58000** anni con una probabilità del **50%**; abbiamo cioè un dato sicuramente più accurato e soprattutto riferito a quello che interessa all'equazione di Drake, ovvero le civiltà tecnologiche galattiche più che le specie intelligenti galattiche. Se applicassimo il ragionamento delta-T alla civiltà tecnologica umana avanzata (ad esempio dal 1945, l'inizio dell'era atomica), dovremmo preoccuparci seriamente perché otterremmo un valore della durata della civiltà tecnologica umana tra **25** e **240** anni; cioè, avremo la probabilità di distruggere noi stessi, con una probabilità del **50%**, tra l'anno **2050** e **2265**. Questa sarebbe una possibilità concreta se, come abbiamo visto, **A**) il momento attuale fosse un momento non particolare all'interno dell'era atomica, e se **B**) tutti gli intervalli di tempo passati e futuri, fossero equivalenti perché le condizioni (cioè i nostri comportamenti) restassero immutati rispetto al tempo. **Tutto ciò dovrebbe farci riflettere seriamente**.

© The Author(s), under exclusive license to Springer Nature Switzerland AG 2025
E. Mieli, A. M. F. Valli, C. Maccone, *La galassia vivente*,
https://doi.org/10.1007/978-3-031-65654-5_21

22

L'ipotesi di Tipler e Brin delle civiltà dinamiche

A questo punto è d'obbligo un'ultima considerazione: fino ad ora abbiamo considerato solo il caso che una civiltà si formi e si sviluppi nel proprio pianeta di origine e si sposti *Solo Per Sfuggire Ad Un Pericolo Potenzialmente Catastrofico* dovuto ad una delle sette sfide; abbiamo cioè ignorato lo scenario analizzato da Tipler (1980) e Brin (1983) di una civiltà che, ad un certo punto del suo sviluppo, decida liberamente di colonizzare la galassia. Come e quando si presenterebbe uno scenario del genere?

Innanzi tutto è ipotizzabile che una civiltà che voglia e possa colonizzare la galassia sia una civiltà di tipo K2 che abbia già superato *Tutte* le sette sfide dopo **400000** anni; ma in tal caso ci troveremmo di fronte ad una transizione epocale dell'intero processo, ovvero: se questo avvenisse, allora la civiltà in questione *Potrebbe Non Estinguersi Più*, pertanto il valore che dovremmo prendere in considerazione nella nostra formula non è quello derivato dalla distribuzione temporale con probabilità del **50%** di sopravvivere che ci porta ad una durata media di **50000** anni pari ad una frazione percentuale di $7{,}3 \cdot 10^{-6}$, ma direttamente dal valore fornito dalla formula di Maccone di superare tutte le sette sfide in **400,000** anni, che è ben maggiore, ovvero $5 \cdot 10^{-3}$ (Fig. 20.11a).

Drake 7 (civiltà dinamica)

$f_{L\ min}$	$f_{L\ max}$
$1{,}03 \cdot 10^{-3}$	$8{,}25 \cdot 10^{-3}$

Tutto questo porta ad una conclusione che in fondo ci dovevamo aspettare, ovvero: se dovessimo individuare una civiltà extraterrestre sarebbe molto più probabile che sia una civiltà evoluta K2 in movimento nella galassia piuttosto che una civiltà statica K1 (o inferiore) come la nostra ancora alle prese con le sfide da superare.

© The Author(s), under exclusive license to Springer Nature Switzerland AG 2025
E. Mieli, A. M. F. Valli, C. Maccone, *La galassia vivente*,
https://doi.org/10.1007/978-3-031-65654-5_22

In conclusione, una potenziale transizione da K1 a K2, come ipotizzato da Kardashev nel 1964, è cruciale e impatta in modo determinante nel calcolo dell'intera equazione di Drake.

Parte IV

L'equazione di Drake Completa

A questo punto abbiamo tutti e sette i parametri di Drake per stimare le civiltà galattiche. Per l'esattezza, il 5° parametro è stato esplicitato nelle sue tre componenti relative agli eucarioti, ai metazoi e alla civiltà intelligente tecnologica (CET).

Come abbiamo appena visto nella sezione precedente, le civiltà intelligenti tecnologiche possono essere di due tipi: *statiche* (punto **7A** di **Tab. IV.1**). oppure *dinamiche* (punto **7B** di **Tab. IV.1**); le prime sono quelle che NON hanno fatto il salto oltre il livello **K = 1,4** e quindi non hanno avuto, quasi certamente, la possibilità tecnologica di colonizzare altri pianeti; le seconde invece hanno fatto il salto oltre il livello **K = 1,4** e quindi si sono diffuse oltre il loro sistema planetario di origine. Abbiamo ottenuto i due risultati distinti da una riflessione nata dalle conclusioni tratte dal 7° parametro. È immediato, da semplici calcoli energetici legati al costo in termini di potenza di una nave spaziale interstellare, capire perché si è scelto questo valore limite di **K = 1,4**: per accelerare una nave spaziale importante, diciamo di **10⁹ kg**, alla metà della velocità della luce, ovvero **1,5 · 10⁸ m/s** in circa tre mesi (circa **10⁷ s**), è necessaria una potenza di circa **10¹⁸ W** che, ipotizzando che sia ragionevolmente l'**1%** della potenza totale esprimibile dalla civiltà in questione, ci porta ad una potenza totale di **W_tot = 10²⁰ W** ovvero:

$$K = \frac{\log_{10} 10^{20} - 5}{11} \cong 1,4$$

Ciò implica che solo le civiltà che hanno superato questi livelli di potenza possono iniziare viaggi e colonizzazione interstellari. Pertanto, il risultato ottenuto per le civiltà statiche e dinamiche è quello riportato in **Tab. IV.2** e **Fig. IV.1 a–b**.

A questo punto lasciamo, per un attimo, la discussione sulle civiltà galattiche per mostrare l'intero insieme di risultati che si sono ottenuti da questo metodo.

Tab. IV.1 TOTALE Drake: i parametri di Drake definiti con i loro valori minimi e massimi. Il 5° parametro è stato esplicitato nelle sue tre componenti relative agli eucarioti, ai metazoi e alla civiltà intelligente tecnologica. (IJA 14/06/2023 Mieli, Valli, Maccone)

		Valore minimo	Valore massimo
Fase		A_j	B_j
1	Numero di stelle della galassia adatte alla vita (di classe spettrale F, G e K)	$1{,}00 \cdot 10^{+10}$	$1{,}20 \cdot 10^{+10}$
2	Numero pianeti adatti nella zona abitabile per stella (di classe spettrale F, G e K)	$1{,}60 \cdot 10^{-01}$	$2{,}00 \cdot 10^{-01}$
3	Frazione di pianeti stabili per 4,5 Ga[*]	$3{,}65 \cdot 10^{-02}$	$1{,}07 \cdot 10^{-01}$
4	Frazione di pianeti dove nasce la vita	$3{,}22 \cdot 10^{-01}$	$6{,}55 \cdot 10^{-01}$
5	Eucarioti	$2{,}89 \cdot 10^{-01}$	$7{,}09 \cdot 10^{-01}$
	Metazoi	$5{,}97 \cdot 10^{-01}$	$9{,}44 \cdot 10^{-01}$
	Civiltà intelligente tecnologica	$1{,}25 \cdot 10^{-02}$	$5{,}66 \cdot 10^{-02}$
6	Frazione di pianeti dove la vita decide di comunicare	$4{,}00 \cdot 10^{-01}$	$6{,}00 \cdot 10^{-01}$
7A	Frazione temporale della durata di una civiltà di tipo K1 statica	$6{,}29 \cdot 10^{-06}$	$8{,}30 \cdot 10^{-06}$
7B	Frazione di pianeti dove la vita raggiunge lo stato di civiltà dinamica K2	$1{,}03 \cdot 10^{-03}$	$8{,}25 \cdot 10^{-03}$

[*] Abbiamo riscalato il valore del 3° parametro da **7 Ga** a **4.5 Ga** che è la durata specifica del pianeta terra

Tab. IV.2 TOTALE Drake: numero di civiltà statiche e dinamiche. (IJA 14/06/2023 Mieli, Valli, Maccone)

Media numero CET	Scostamento numero CET	
$\langle N \rangle$	$\sigma(N)$	
3	2	**Statiche**
2000	2000	**Dinamiche**

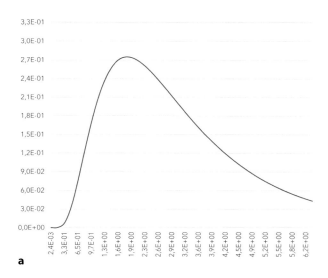

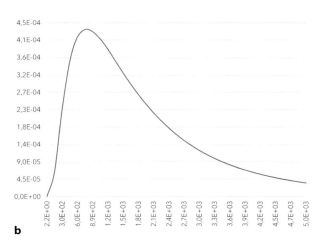

Fig. IV.1 a,b   TOTALE Drake: **a** lognormale della distribuzione delle civiltà statiche con <N> = 3,41 e σ(N) = 2,43. **b** lognormale della distribuzione delle civiltà dinamiche con <N> = 2 214 e σ(N) = 2 224. (IJA 14/06/2023 Mieli, Valli, Maccone)

Il terzo parametro, come abbiamo visto, ci ha fornito il numero di pianeti stabili come funzione del tempo variabile ΔT. Conoscendo ora la durata di tutti i processi di evoluzione della vita, dal livello procariotico alla civiltà K2, possiamo contare:

A quanti sono i pianeti adatti ad ogni livello di sviluppo
B quanti di questi hanno ospitato la vita
C quanti la ospitano tutt'ora

Come abbiamo visto, bisogna considerare anche i tempi morti dell'ADEANO (sviluppo del pianeta) del GOE (primo innalzamento dell'ossigeno al **1%** del valore attuale) e del NOE (secondo innalzamento dell'ossigeno al valore attuale). Combinando queste tempistiche col calcolo della lognormale passo per passo si ottiene la scala temporale riportata in **Tab. IV.3**, dove siamo rimasti aderenti al modello terrestre di vita.

Tenendo ora conto dei risultati ottenuti, nel calcolo del 3° parametro, per la percentuale di pianeti passati e presenti stabili per ΔT anni (Fig. 6.1), riportiamo in **Tab. IV.4** ed in **Fig. IV.2** la popolazione della vita galattica e le relative distanze da noi. In **Appendice B** abbiamo riportato il calcolo completo da cui sono stati ricavati i dati.
Abbiamo trovato in definitiva che:

A una prima pesante scrematura è costituita dalle forme di vita che diventano CET (**1/70** circa dei pianeti che ospitano forme di vita animali)
B una seconda drammatica riduzione è dovuta alle sfide tecnologiche del 7° parametro (**1/250** circa delle CET che si sono sviluppate)

Tab. IV.3 TOTALE Drake: scala temporale di una civiltà galattica (modello terrestre). (IJA 14/06/2023 Mieli, Valli, Maccone)

Fase di sviluppo della vita	Durata	Somma
1 – ADEANO	0,80 Ga	0,80 Ga
2 – procarioti	0,10 Ga	0,90 Ga
3 – GOE	1,60 Ga	2,50 Ga
4 – eucarioti	0,50 Ga	3,00 Ga
5 – NOE	0,50 Ga	3,50 Ga
6 – metazoi	0,50 Ga	4,00 Ga
7 – CET passate statiche	0,50 Ga	4,50 Ga
8 – CET presenti statiche	0,05 Ga	4,55 Ga
9 – CET dinamiche	0,40 Ga	4,95 Ga

Tab. IV.4   TOTALE Drake: la popolazione della vita galattica e le relative distanze da noi sia dei pianeti adatti che dei pianeti adatti e popolati in passato e nel presente: si è ipotizzato un volume medio del disco galattico di $1,53 \cdot 10^{13}$ al^3. (IJA 14/06/2023 Mieli, Valli, Maccone)

	Età pianeta (Ga)	Numero di pianeti che ospitano o hanno ospitato la vita	Distanza (al)	Totale dei pianeti adatti	Distanza (al)
A	0,90	710000000 pianeti dove in passato sono nati i procarioti	28	1500000000	22
B		92000000 pianeti dove oggi sono presenti i procarioti	55	190000000	43
C	3,00	81000000 pianeti dove in passato sono nati gli eucarioti	57	330000000	36
D		35000000 pianeti dove oggi sono presenti gli eucarioti	76	140000000	48
E	4,00	35000000 pianeti dove in passato sono nati i metazoi	76	190000000	43
F		20000000 pianeti dove oggi sono presenti i metazoi	91	110000000	52
G	4,50	470000 pianeti dove in passato sono nate delle ETC K1 statiche	319	140000000	48
H		3 pianeti dove oggi sono presenti ETC K1 statiche	16515	92000000	48
I	4,95	2200 pianeti attuali con ETC K2 dinamiche (eterne)	1909	92000000	48

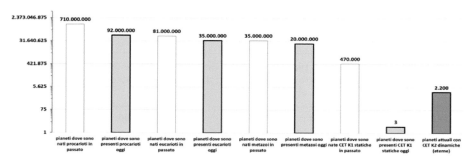

Fig. IV.3   TOTALE Drake: vengono riportati in grafico logaritmico i dati di Tab. IV.4 sul del numero di pianeti che hanno ospitato o ospitano la vita. (IJA 14/06/2023 Mieli, Valli, Maccone)

23

Ancora il paradosso di Fermi (ma insomma, dove sono tutti quanti?)

Dopo esser passati attraverso **cinquanta sfumature dell'equazione di Drake**, visitando l'astronomia, la geologia, la biologia, la paleontologia e la futurologia, abbiamo trovato, abbastanza sorprendentemente che il numero di pianeti attuali abitati da civiltà galattiche di tipo K1 (o con K inferiore) statiche, della durata media di **50000** anni, è **3** cioè NOI e, forse, qualcun altro a circa **17000 al** da noi, cioè lontanissimo.

Se pensassimo solo a civiltà statiche ovvero a civiltà che non abbiano compiuto il salto oltre **K = 1** che consentirebbe loro di spostarsi tra le stelle, il paradosso di Fermi sarebbe, di fatto, risolto [44]. Certo, a soddisfare il nostro desiderio di compagnia nella galassia ci sarebbero una moltitudine di pianeti che ospitano la vita in forme non troppo evolute o che hanno ospitato civiltà oggi estinte: pane quotidiano per astrobiologi o astroarcheologi, **ma nulla di più …**

… e invece no. Così come capita per le forme di vita che nascono in una certa nicchia e che, se le condizioni lo consentono, invadono tutto l'ecosistema, analogamente, se una civiltà galattica superasse le sette sfide del 7° parametro e raggiungesse il valore energetico di Kardashev **K = 1,4** allora invaderebbe l'intera galassia e diventerebbe *Eterna*: in tal caso le civiltà attuali sarebbero oltre **2000**, tutte altamente evolute e in viaggio nella galassia.

Il paradosso di Fermi si ripropone quindi in altra forma: non sono le civiltà come la nostra che mancano all'appello e che sono residuali, ma le super-civiltà, quelle ipotizzate da Kardashev. La questione sarebbe che non dobbiamo cercarle necessariamente su un pianeta specifico perché queste civiltà si spostano anche tra una stella e l'altra e sarebbe molto più facile che loro trovino noi piuttosto che l'inverso. Allora, il problema che dovremmo porci è un altro: se noi fossimo una super-civiltà in grado di spostarsi nella galassia, dove sceglieremmo di andare? I sistemi solari come il nostro (e noi con lui che, come abbiamo visto, oltre ad essere

E. Mieli, A. M. F. Valli, C. Maccone, *La galassia vivente*,
https://doi.org/10.1007/978-3-031-65654-5_23

soli, come civiltà **K1**, abbiamo una probabilità di diventare civiltà **K2** solo dello **0,4%**) sarebbero *interessanti* per queste civiltà? Probabilmente lo sarebbero di più le stelle nane rosse, estremamente più durature del sole, o addirittura le stelle morte, come buchi neri e stelle di neutroni, forse sfruttabili come ipotetiche fonti di energia [109].

Il tragitto compiuto sin qui ci ha portato, dunque, alle seguenti conclusioni:

a   nella galassia, come civiltà *primitiva* K1 (in realtà inferiore a K1) siamo quasi soli, essendo presenti al momento, circa 3 CET noi compresi

b   si forma circa una civiltà come la nostra ogni **20000** anni ed ha una probabilità di non estinguersi poco superiore allo **0,4%** (**1** su **250**)

c   esistono quasi mezzo milione di civiltà come queste già estinte nella galassia

d   al contrario, nella galassia potrebbero esistere, se superassero le sette sfide del 7° parametro, circa **2000** super-civiltà, di livello K2, o quasi, che si formerebbero una ogni **5 Ma**

e   in questo caso, queste super-civiltà ora sarebbero libere di spostarsi tra un sistema planetario e l'altro e si troverebbero verosimilmente entro **una cinquantina di anni luce** da noi (la distanza dei primi pianeti abitabili usati come stazioni di viaggio intermedie). L'organizzazione e le intenzioni di queste superciviltà ci sono, al momento, oscure e potrebbero essere oggetto di approfondimento in un nostro lavoro successivo

f   il resto della galassia è una giungla di forme di vita a vari livelli di sviluppo (decine di milioni di pianeti abitati da forme viventi)

Mentre l'affermazione **d** ed **e** sulle super-civiltà si fonda sulla corretta comprensione del 7° parametro di Drake e pertanto concerne la futurologia, tutte le altre affermazioni, grazie alla trattazione matematica ispirata da Maccone, sono saldamente ancorate ai loro parametri di riferimento e non spaziano più, come abbiamo visto fin troppe volte fare, tra decine e decine di ordini di grandezza tra i valori massimi e minimi di incertezza. Adesso un'affermazione, ad esempio, sulla probabilità di insorgenza della vita procariotica, va confrontata rigidamente col processo matematico che abbiamo riportato: se la dobbiamo ridiscutere o rivedere, dobbiamo rivedere anche il processo che guida il suo parametro (in questo caso il 4° parametro di Drake). Questo è il maggior vantaggio che abbiamo da questo tipo di trattazione e dal metodo inaugurato da Claudio Maccone nel 2008 con la sua lognormale.

Parte V

Vincitori e Vinti Nella Via Lattea

In questa sezione faremo delle semplici ipotesi sul destino di due possibili specie aliene intelligenti, ciascuna nel proprio pianeta. Per ottenere ciò ci atterremo unicamente ai seguenti vincoli, dettati dal buon senso:

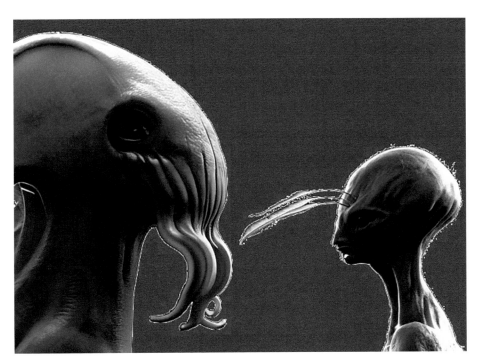

Fig. V.1 Rappresentazione artistica di due specie galattiche rappresentate da un cefalopoide e da un artropoide. Powered by ⑤ OpenAI

A le specie si sono sviluppate in sistemi simili al nostro (stelle di classe spettrale G e pianeti nella zona di abitabilità)

B nei rispetivi pianeti lo sviluppo dei phylum (che sono i gruppi tassonomici gerarchicamente inferiori al regno animale) ricalca parzialmente quello terrestre

C una delle due specie è un artropode (come gli insetti), mentre l'altra un mollusco (come i cefalopodi): li chiameremo gli artropoidi e i cefalopoidi

D a parte queste analogie con la Terra, le due specie si sono evolute distaccandosi nettamente dalle loro specie sorelle sulla terra

24

Identikit di due possibili specie aliene intelligenti

Passiamo ora a vedere il ritratto possibile di due specie diventate intelligenti secondo gli standard presentati precedentemente. La prima si è evoluta a partire da un piano anatomico di tipo artropode, l'altra da quello tipico dei molluschi. Se abbiamo intrapreso queste strade, non è per mancanza di fantasia. Tale scelta, quella di utilizzare strutture anatomiche più o meno conosciute, può facilitare la comprensione del lettore. Inoltre, chi può dire che questi piani anatomici non avrebbero potuto, in condizioni appropriate, portare allo sviluppo di specie intelligenti?

L'Artropoide

Il piano anatomico del phylum degli artropodi prevede un corpo suddiviso in vari segmenti, ognuno dei quali possiede una **coppia d'arti articolati**. I principali sistemi interni (digestivo e nervoso) sono disposti di maniera asimmetrica rispetto ai nostri: negli artropodi, il **sistema nervoso è ventrale** mentre quello **digestivo è dorsale**. Nei vertebrati si verifica il contrario. Infine, l'organismo è provvisto di uno **scheletro esterno** (esoscheletro) per proteggere i tessuti molli. Questo sarà il nostro punto di partenza per costruire la prima delle due nostre creature intelligenti.

Siccome la capacità razionale del nostro "artropoide" è confrontabile con la nostra (e raggiunge dimensioni corporee ragguardevoli, avendo una taglia che, più o meno, è la metà della nostra), alcune modificazioni strutturali s'impongono. Innanzitutto, il suo sistema nervoso è diventato complesso come il nostro, con un cervello prominente e ricco d'involuzioni. Anche il sistema respiratorio e circolatorio si sono evoluti, per permettere alla specie di acquisire grandi dimen-

E. Mieli, A. M. F. Valli, C. Maccone, *La galassia vivente*,
https://doi.org/10.1007/978-3-031-65654-5_24

sioni. Il sistema circolatorio è chiuso (e non aperto come negli artropodi attuali). Il sangue scorre verso i tessuti e le cellule che deve raggiungere all'interno delle arterie e ritorna da questi verso il cuore percorrendo le vene. Il cuore è strutturato come il nostro: è costituito di comparti separati dove il sangue ricco in ossigeno non si mescola a quello povero di tale gas. Il cuore è situato nel torace che è dotato di polmoni possenti, capaci di spingere il sangue ossigenato in tutto il corpo.

Passiamo a descrivere la nostra specie aliena dalla testa ai piedi (Fig. 24.1):

- Il cranio è grande, protetto dall'esoscheletro che comporta le apertura per gli occhi (organi che si sono evoluti in modo da presentare la stessa caratteristiche dei nostri – ben differenti da quelle degli insetti attuali), per l'apparato masticatorio (composto da una serie di appendici modificate in modo tale da premere un regime alimentare onnivoro), e per l'apparato uditivo (questa specie è capace di produrre delle stridulazioni – l'organo produttore si trova sull'anca del paio di arti posteriore). Infine, sulla sommità del cranio, sono disposte due antenne che permettono la recezione di sostanze chimiche. Tali antenne, possono essere erette o ripiegate in appositi solchi dietro la loro base, in modo da essere protette quando non sono in uso o quando la nostra creatura deve muoversi a velocità spedita.
- Il torace è composto da diversi elementi, la cui anatomia è relativamente simile da elemento a elemento. Quelli superiori, sotto il collo, presentano degli arti articolati con un alto numero di segmenti (i segmenti sono le sezioni, articolate tra loro, che costituiscono l'arto in tutta la sua lunghezza). Quelli prossimali, i più vicini al torace, hanno base larga, sono appiattiti e ciascuno può incastrarsi con l'equivalente dell'arto inferiore (e superiore), in modo da costituire una base in grado di poter essere sottoposta ad un certo sforzo. I segmenti distali, i più lontani dal torace, sono invece completamente indipendenti dai loro omologhi degli altri elementi, da quello superiore e dall'inferiore. L'estremità dell'arto corrisponde a un "dito". Ogni dito, a causa dell'indipendenza di cui sopra, è completamente opponibile a tutti gli altri dello stesso lato del corpo, permettendo una manualità estremamente efficace.
- Alla base del torace, due segmenti presentano degli arti fini, in grado di tamburellare sull'esoscheletro una specie di codice morse. Tale sistema consente la comunicazione tra individui prossimi tra di loro.
- Infine, nella parte superiore del torace, nella parte dorsale, si aprono le fessure respiratorie; esse permettono all'aria di raggiungere i polmoni. La ventilazione è assicurata da un sistema muscolare appropriato.
- Il torace è sostenuto dalla porzione inferiore del corpo, dotata di due paia di arti con muscolatura molto sviluppata, in modo da permettere un'andatura sostenuta. La parte ventrale, ben rafforzata, protegge il sistema nervoso, mentre sul dorso la "corazza" è meno rigida, in modo da permettere al sistema digestivo di riempirsi a dovere in caso di bisogno.

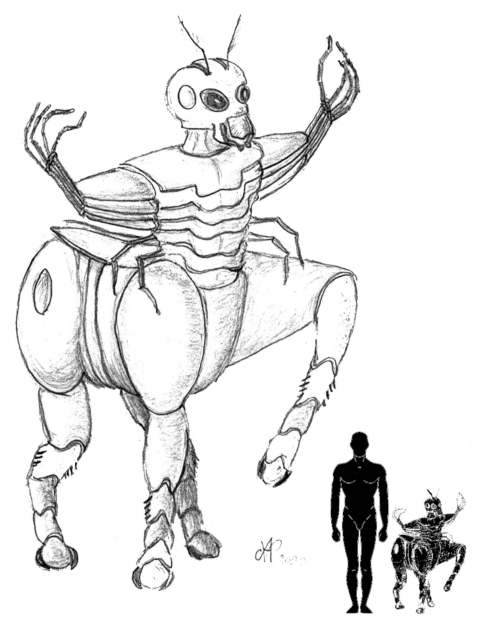

Fig. 24.1   L'*artropoide* a figura intera. L'essere è alto circa un metro

- Oltre all'esoscheletro, delle strutture rigide interne si sono evolute per permettere l'appoggio della muscolatura necessaria al funzionamento di un essere di taglia relativamente grande.

- L'esoscheletro necessita delle mute regolari, per permettere al corpo di crescere. In questa specie, la crescita corporale si verifica nella fase giovanile; la taglia dell'adulto non cambia più; come nei mammiferi. Quindi, a partire dalla "maturità", le mute cessano.

La nostra specie intelligente si è evoluta da antenati **apo-diploidi**; cioè, gli individui con due copie del codice genetico risultano essere femmine, mentre quelli con una copia sola sono maschi (nel caso degli esseri umani, come in tutti i vertebrati, tutti gli individui possiedono due copie del DNA; noi, cioè, siamo tutti **diploidi**). Il sistema apo-diploide favorisce la formazione delle società degli insetti, in quanto le operaie, che sono diploidi (quindi femmine), risultano più strettamente imparentate con le loro sorelle (le altre operaie e le regine con le quali condividono il **75%** del patrimonio genetico invece che il **50%**) e tenderanno ad aiutarle e a favorire la loro sopravvivenza anche a scapito della loro prole.

La nostra specie aliena presenta ancora l'apo-diploidia, ma, invece di costruire le grandi comunità tipiche della maggior parte degli insetti sociali nostrani, forma delle tribù più piccole. Queste, come avviene, per esempio, nell'attuale formica argentina (*Linepithema humile*), sono in grado di formare colonie più vaste, convivendo pacificamente con altre tribù.

Le matriarche si riproducono e partoriscono poche larve (in genere due o tre) a uno stadio di sviluppo assai avanzato. In seguito, sono in grado di accoppiarsi nuovamente, in modo che il numero di effettivi della tribù possa accrescersi in maniera relativamente rapida. Le matriarche possono accoppiarsi con i maschi della loro tribù o anche con quelle delle tribù con cui convivono. Tale costume permette di portare del "sangue nuovo" all'intera tribù e di rafforzare i legami tra i vari gruppi dell'intera colonia.

Nel corso dell'evoluzione, una particolare forma di "operaia" si è specializzata: ha dato origine a individui specializzati nella riflessione e nell'intervento per migliorare la vita della tribù di appartenenza. Si tratta di una casta che prelude il ruolo dello scienziato nella società intelligente. La costituzione di colonie multi-tribali porta all'emergenza di individui, "scienziati", che operano non più solo per il bene della tribù di appartenenza, ma anche per tutta la comunità allargata. Derivando da operaie di colonie apo-diploidi, il loro scopo sarà più collettivista che individualista. L'impulso che li muove a migliorare le condizioni di vita di tutto gruppo li porta non solo a favorire l'esistenza degli individui della stessa specie ma anche alla preservazione dell'ambiente e delle forme di vita associate, intesi come componenti essenziali della vita della tribù e della colonia tutta intera.

All'inizio, la selezione degli individui nelle varie caste, era stabilita in maniera casuale e in funzione delle mere necessità della comunità (per la prossima generazione, sono necessarie "x" operai specializzate nell'allevamento delle larve, "y" qualificate per il benessere della colonia e "z" concentrate sulla sua difesa). Le larve erano dunque nutrite con alimenti particolari capaci, durante tutta la loro fase di crescita, per sviluppare le caratteristiche morfologico-attitudinali adatte alla loro funzione futura. Le differenze morfologiche tra le varie caste erano dunque assai pronunciate.

Nell'ultima fase evolutiva, invece, le larve sono tutte nutrite con regimi ricchi nella prima fase della loro crescita. Solo in seguito, verso la fine dell'adolescenza, quando ormai le caratteristiche individuali permettono di riconoscere le propensioni individuali per le varie attività, interviene la differenziazione alimentare, in grado di rafforzare le caratteristiche fisiche proprie la funzione specifica. Le differenze morfologiche son quindi molto più ridotte (naturalmente, restano le disuguaglianze che caratterizzano gli individui riproduttori e quelli non riproduttori). Inoltre, si è accresciuta la trasmissione culturale delle competenze tipiche di ogni attività.

Terminiamo con la geografia occupata dall'artropoide. La loro fisiologia ne ha favorito lo stanziamento negli ambienti caldi o temperati. Tuttavia, le grandi doti architetturali degli insetti sociali nostrani, non ci fanno dubitare della capacità di realizzazione strutturale che possono raggiungere tali forme di vita. Rapidamente, la nostra specie intelligente è diventata capace di concepire e realizzare strutture abitative per la tribù (e per tutta la colonia) in cui le condizioni restano relativamente costanti, permettendo a tutti gli individui di spostarsi senza problemi al loro interno, indipendentemente dalle condizioni esterne.

Rapidamente, le capacità tecniche della nostra specie, sono stati in grado di produrre dei rivestimenti (praticamente degli abiti) per permettere a tutti gli individui adulti (ricordiamoci che loro non effettuano più la muta) di potere sopportare, stando all'esterno, vari tipi di clima e quindi di colonizzare praticamente tutta la superficie asciutta del loro pianeta d'origine.

Il Cefalopoide

Il phylum dei molluschi, il nostro punto di partenza per questa nuova creatura intelligente, è caratterizzato dal possesso del **mantello**, un tessuto muscolare capace di secernere la conchiglia (costituita da un solo o da più elementi variamente mineralizzati), della **radula**, una specie di lingua dotata di "denti" (molto plastica; essa permette loro di nutrirsi di un vasto spettro di alimenti) e del **piede**, tessuto muscolare da cui deriva la "suola" su cui strisciano le lumache o le braccia di una piovra.

Il nostro cefalopoide è dotato di una capacità razionale confrontabile alla nostra e, per raggiungere tale livello evolutivo, ha dovuto dotarsi di sistema nervoso complesso nonché di sistemi circolatorio e respiratorio capaci di prestazioni simile ai nostri. Infatti, la creatura possiede un metabolismo molto elevato, con necessità di importanti quantità di ossigeno e nutrimenti per funzionare a pieno regime.

Fig. 24.2   Il *cefalopoide* a figura intera. L'essere è alto circa tre metri

Passiamo ora a una sua descrizione dalla testa ai piedi (Fig. 24.2):

- L'essere è dotato di un grosso cranio che racchiude un cervello di taglia imponente. Gli occhi sono come quelli dei nostri polpi moderni. Tra questi organi e sulla fronte è presente un vasto spazio ricco in cromatofori, cellule dotate di una grande quantità di pigmenti. L'alternarsi dell'accendersi e lo spegnersi e del mostrare un colore particolare forma la base di un complesso "linguaggio" visivo fondato su forme e colori. Esso permette la comunicazione ravvicinata tra due o più individui.

- Gli occhi sono disposti in modo da fornire una visione binoculare. Tuttavia, il collo, ben che robusto, è assai mobile e permette rotazioni di più di 100 gradi, per permettere alla nostra creatura intelligente di "guardarsi le spalle".

- Non possiede naso, ma è dotata di un gusto molto sviluppato, il cui centro si trova all'interno della cavità orale (la bocca). La radula, complessa, svolge il ruolo dei denti e permette la triturazione e l'elaborazione di vari tipi di alimenti, carnei o vegetali. Al di sopra della bocca, o mo' di labbra, sono poste dei piccoli tentacoli modificati, che assomigliano a dei bargigli. Dotati di ventose e di piccoli uncini, aiutano l'ingestione e una prima elaborazione del cibo.

- Sempre sulla testa, dietro gli occhi, si trovano le branchie modificate (i lontani antenati della nostra creatura abitavano gli ambienti acquatici) che permettono l'ingresso dell'aria verso i polmoni. Lo spiracolo, dietro la bocca, è un tubicino che serve a espellere l'aria ricca di anidride carbonica.
- Il senso dell'udito è relativamente rudimentale e consiste in piccole membrane poste sul capo, che possono rilevare le onde sonore in un intervallo di frequenze relativamente limitato.
- Il cervello e gli organi cefalici sono protetti da una conchiglia interna, che funge da cranio per la nostra creatura
- Tuttavia, la conchiglia cefalica non costituisce l'unico supporto interno mineralizzato. Molti altri sono distribuiti all'interno del corpo: essi fungono da sostegno a nervi e muscoli e rinforzare la struttura corporea, come vedremo in seguito, più in dettaglio.
- Il torace è voluminoso e contiene un cuore strutturato in maniera simile al nostro, a comparti separati, e dei polmoni efficienti capaci di spingere il sangue in tutto il corpo.
- Dal torace, spuntano le braccia (tre per lato) assai simili superficialmente, ai quelle dei cefalopodi moderni. In realtà, nel loro interno sono presenti dei rinforzi mineralizzati che fanno sì che, almeno su una certa lunghezza nella parte prossimale (cioè, quella più vicina al corpo) si comportino in modo simile alle spire dei serpenti; sono cioè capaci di serrare e stritolare gli oggetti. Nella parte distale (quella verso la punta), invece, tali rinforzi sono molto più radi. Ciò permette a tale sezione del braccio di essere parzialmente allungabile. Inoltre, è dotata di mini-ventose e di qualche uncino (tuttavia si nota una certa variabilità individuale in questo carattere). In ogni caso, le estremità di tali tentacoli sono ricche di papille tattili per esercitare il senso del tatto.
- Al di sotto dell'attacco delle braccia, si trova l'addome, che raccoglie l'apparato digerente. Il tutto è sostenuto da due forti arti, simili a zampe di elefante, anche se sono più tozze e più corte di quelle dei pachidermi. La nostra creatura intelligente non possiede unghie vere e proprie, anche se, sulla superficie plantare che costituisce la suola dei piedi, si trovano delle ventose e dei piccoli uncini, i quali aiutano la deambulazione sulle aree scivolose, inclinate o irregolari.
- Tuttavia, gli organi più importanti presenti sulla superficie inferiore delle zampe sono delle strutture capaci di rilevare le vibrazioni del suolo. Grazie a un'adeguata rete di nervi, tali sensazioni arrivano al cervello dove sono elaborate. L'individuo può così farsi un'idea più o meno precisa di quello che avviene a una certa distanza da lui. Può dunque avere un'idea completa della costituzione dell'ambiente, in modo da non essere preso alla sprovvista.

In ogni modo, la taglia (tre metri o più, dalla testa ai piedi), la possente muscolatura delle braccia, le zampe posteriori assai robuste, l'addome e il torace ricoperti
da uno spesso strato di grasso (che dà tono alla nostra creatura e contribuisce alla
sua termoregolazione dato che è sprovvista di peli), nonché le abitudini gregarie
e sociali, contribuiscono al fatto che il nostro "eroe" è praticamente sprovvisto di
nemici naturali.

Riguardo alla riproduzione, il piccolo si sviluppa nel corpo della femmina.
Dopo la nascita, i piccoli sono accuditi da entrambi i genitori, ma rapidamente
sono trasferiti in asili comprendenti altri giovani di età similare. In tali *nurseries*, i
piccoli apprendono i rudimenti del loro linguaggio visivo e le basi per la loro vita
di tutti i giorni. L'organizzazione sociale, all'inizio basata sul sistema familiare,
si è in seguito evoluta per comprendere un gruppo composto da più famiglie e/o
giovani individui singoli di entrambi i sessi.

La nostra specie aliena, dotata di una vista acuta realizza abitazioni particolarmente ricercate per quel che riguarda l'estetica. Sviluppatesi in un primo tempo in
un ambiate temperato-caldo, grazie ai tessuti esterni isolanti del loro corpo (evo-
lutisi inizialmente per evitare le perdite idriche) sono diventati in breve capaci di
conquistare varie fasce climatiche del loro pianeta. Le acquisizioni tecnologiche
li hanno resi padroni di praticamente tutte le superfici terrestri abitabili del loro
mondo.

L'artropoide affronta le sette sfide del 7° parametro

L'artropoide ha il suo punto di forza evolutivo nel legame apo-diploide che ha
esteso alle famiglie della propria specie e non solo, costituendo, di fatto, una super
società planetaria. Questo fatto gli ha permesso di superare in maniera indolore
la 1° sfida del 7° parametro (incapacità evolutiva a gestire quantità di energia crescenti): nel momento del passaggio ad una civiltà con $K = 0,6$ a $K = 0,7$ e oltre,
non si è messo in pericolo da solo e ha potuto mettere in opera anche le principali
contromisure per prevenire errori fatali (2° sfida; Fig. 24.3).

I primi mutamenti planetari di una certa rilevanza (3° sfida: nel loro caso, ad
esempio, si verificò l'esplosione di una supernova entro la distanza di sicurezza)
si sono presentati all'artropoide quando il suo livello di Kardashev era arrivato
ormai oltre $K = 1$ e possedeva già le tecnologie e l'energia sufficienti per fron-
teggiarla. Il problema di una eventuale involuzione spontanea (4° sfida) non si è
mai presentato perché la divisione della società dell'artropoide in caste ha sempre
mantenuto una parte della popolazione all'erta in difesa dell'*alveare planetario*.

Le sfide 5 e 6 sono invece state superate con difficoltà, dato che entrambe
hanno rischiato di frantumare la struttura sociale ordinata e granitica degli artropoidi: la manipolazione genetica è stata quindi incanalata in modo da non

Fig. 24.3 La città degli artropoidi in una delle loro *colonie-pianeta*. Powered by 🌀 OpenAI

danneggiare la struttura sociale divisa in caste e l'intelligenza artificiale è stata relegata a casta a sé, senza accesso a risorse tecnologiche pericolose, ma con l'unico scopo di consigliare la casta guida.

Gli artropoidi si trovano oggi di fronte solo alla 7° sfida (**punto Ω**), ma ormai hanno raggiunto un valore di **K = 1,8** e si spostano nella galassia come vogliono senza curarsi del destino di questo o quel pianeta in particolare.

Loro Sono Tra I Vincitori Nella Via Lattea.

Il cefalopoide affronta le sette sfide del 7° parametro

Il cefalopoide basa il suo successo evolutivo sul fatto di essere diventato intelligente e, contemporaneamente, privo di nemici naturali nel suo pianeta. La sua intelligenza è stata rivolta prevalentemente ad adattare l'ambiente del pianeta ai frequenti mutamenti ai quali è sottoposto (l'asse di rotazione è instabile, vista l'assenza di un satellite pesante come la luna; inoltre la tettonica del pianeta dei cefalopoidi è poco attiva e quindi il ciclo del carbonio fa fatica a stabilizzare la temperatura). La sua naturale indole pacifica gli ha fatto superare facilmente la 1° sfida ed anche la 2° quando il suo livello di Kardashev era intorno a **K = 0,8** (dieci

Fig. 24.4 La città degli cefalopoidi durante un periodo di surriscaldamento del pianeta. Powered by OpenAI

volte l'energia che sfruttiamo noi sulla terra). Sulla 3° sfida non hanno avuto alcun problema dato che la loro specie si è da tempo dedicata unicamente a risolvere problematiche ambientali, tutte risolte nell'arco della loro esistenza (Fig. 24.4).

La 4° sfida li ha messi in pericolo perché hanno avuto spesso la senzazione di poter abbassare la guardia e regredire. Questo non si è verificato grazie ai periodici mutamenti climatici che li hanno sollecitati a non distrarsi troppo.

La 5° sfida (transizione genetica) li ha invece visti soccombere, perché hanno involontariamente realizzato una copia di se stessi più resistente e aggressiva che li ha prima sterminati e poi si è estinta come conseguenza della 1° sfida: si sono cioè autodistrutti. Il livello di Kardashev dei cefalopodi al momento della loro estinzione era **K = 1,1** quindi abbastanza alto (**10000** volte l'energia a nostra disposizione).

Loro Sono Tra I Vinti Nella Via Lattea.

Parte VI

Epilogo

25

La pietà del ghepardo

Un'ultima osservazione sociopolitica. Una delle conseguenze di questa analisi è che abbiamo capito, almeno in linea di principio, dove sono i veri *colli di bottiglia* dell'evoluzione di una civiltà galattica:

A una prima pesante scrematura è costituita dalle forme di vita che diventano CET (**1/70 circa dei pianeti che ospitano forme di vita animali**)

B una seconda drammatica riduzione è dovuta alle sfide tecnologiche del 7° parametro (**1/250 circa delle CET che si sono sviluppate**)

Mentre sul punto **A** non abbiamo alcun controllo, il punto **B** ci dice che il *grande silenzio*, conseguente il paradosso di Fermi, ci ammonisce sulle scarse possibilità che ha una civiltà di sopravvivere innanzi tutto a se stessa. Dovremmo cioè capire che dovremo fare di tutto per portare quell'impietosa percentuale dello **0,4%** di sopravvivere alla nostra tecnologia a valori meno severi che ci diano un minimo di stimolo per andare avanti come specie e come pianeta, nonostante tutto.

E allora, noi come ci collochiamo in questo *Giudizio Universale* della Natura? Il sospetto di non essere affatto salvi ce l'abbiamo tutti da un bel po'; ma forse non siamo neanche del tutto spacciati, nonostante l'impietosa percentuale di sopravvivenza alle nostre stesse imperfezioni, che è emersa nell'ultimo capitolo. Ma procediamo un passo alla volta. Qual è il pericolo immediato più grande col quale misurarci? Di fatto è la sfida numero uno del settimo parametro, ovvero la nostra insufficienza istintuale a gestire crescenti livelli di energia disponibile che, in parole povere, significa la nostra radicale ottusità nella gestione del pianeta, oltre che di noi stessi. Ma noi, ed i mammiferi assieme a noi, che strumenti genetici (non culturali od etici che, come vediamo tutti i giorni, possono fare ben poco a livello di *consapevolezza naturale*) abbiamo per porre rimedio a questa lacuna? **In realtà l'abbiamo**.

E. Mieli, A. M. F. Valli, C. Maccone, *La galassia vivente*,
https://doi.org/10.1007/978-3-031-65654-5_25

Fig. 25.1 Le formiche sociali: come apodiploidi le operaie condividono il 75% del patrimonio genetico e non il 50%. Powered by ⑤ OpenAI

Ma facciamo un passo indietro. Sappiamo che le caratteristiche evolutive vantagiose la maggior parte delle volte non emergono ex novo, ma sono modifiche di qualche altra caratteristica destinata a tutt'altro scopo; ad esempio le mani dell'uomo non nascono per costruire strumenti, ma per arrampicarsi. Esiste allora qualche caratteristica insita dei mammiferi (e dell'uomo) che possa essere la nostra *consapevolezza naturale* del futuro? Sì, esiste: sono le cure parentali: questo comportamento è il cardine sul quale i mammiferi costruiscono le loro società più o meno complesse ed estese.

Altri gruppi di esseri viventi sviluppano la loro socialià percorrendo strade diverse (la super-condivisione genetica apodiploide delle formiche [**Fig. 25,1**], lo scambio di batteri simbionti nelle termiti, ecc.), ma i mammiferi usano prevalentemente questa strada che si può così riassumere: lo scopo principale è preservare la prole. Tutto qui? Mica tanto; i felini maschi spesso uccidono la prole degli altri maschi, le iene spesso uccidono quelli che reputano intrusi nel loro clan, per non parlare delle mostruosità che l'essere umano, da quando esiste, mette in opera contro i propri simili e contro il pianeta. Non funziona, non banalmente.

Trasferiamoci per un momento nella savana africana dove una femmina di ghepardo ha appena isolato e catturato un cucciolo di antilope vivo, la sua preda più comune. Il cucciolo non potrebbe scappare in nessun modo e allora fa una cosa inaspettata: cerca di attaccarsi alla mammella del ghepardo come se fosse la

Fig. 25.2 Una femmina di leopardo *assieme ad* un cucciolo di antilope isolato dal branco. Powered by ⑤ OpenAI

madre; la femmina di ghepardo a questo punto, incredibilmente, **lo lascia andare** compiendo un'azione, in apparenza, contro la propria specie. Il cucciolo ha chiesto pietà e il ghepardo ha concesso pietà; una pietà *interspecifica* (Fig. 25.2).

In genere i puristi dell'*egoismo genetico* tendono a scartare tali comportamenti come errori comportamentali o binari morti evolutivi, ma non tengono conto di un fenomeno sotto gli occhi di tutti e ben descritto nella teoria dei giochi e delle decisioni (ricordate il premio nobel John Forbes Nash Jr., quello del film A Beautiful Mind) ovvero la cooperazione: anche i comportamenti cooperativi hanno dei punti di equilibrio vantagiosi per l'individuo, anzi, più vantagiosi di quelli ottenuti da comportamenti non cooperativi. Questo fatto la Natura lo *sa* bene e su questa base esistono le simbiosi, le colonie di individui e le società cooperive **anche prima che il vantaggio diventi esplicito**. L'evoluzione, cioè, prepara il terreno dei cambiamenti ben prima che questi avvengano.

Ma chi custodisce di fatto tra i mammiferi questo istinto parentale primario (potenzialente estendibile dalla propria prole a tutto il pianeta)? Ovviamente le femmine, come se l'avessero scritto direttamente nel proprio patrimonio genetico, non i maschi che al più lo fanno convivere con altri comportamenti preminenti, come la territorialità e la competizione sessuale.

Ma allora la risposta ai nostri problemi è terribilmente semplice e terribilmente complessa al tempo stesso: i maschi (gli uomini) NON devono governare o,

Fig. 25.3 Femmina di *Australopithecus africanus* (3–2 Ma) col suo cucciolo. (Jose Garcia e Renaud Joannes-Boyau/Southern Cross University)

quantomeno, non devono decidere il destino delle collettività perché per loro la cooperazione è pur sempre una scelta tra tante altre possibili, nonostante il rischio di autodistruggersi. Per la femmina (la donna), invece, la cooperazione e la preservazione della prole (della vita) è l'unica strada percorribile perché lei è costruita a questo scopo e mai come oggi questo suo istinto primario, come la pietà del ghepardo, serve al pianeta.

Appendice A

Tab. Appendici.1 Riepilogo dei 50 passi dell'equazione di Drake

Passo	Par. Drake	Valore	Descrizione
1	**Drake 1**	**$1,10 \times 10^{+10}$**	**Numero Di Stelle Della Galassia Adatte Alla Vita (Di Classe Spettrale F, G e K)**
2	**Drake 2**	**$1,80 \times 10^{-1}$**	**Numero Pianeti Adatti Nella Zona Abitabile Per Stella (Di Classe Spettrale F, G E K)**
	Drake 3	**$1,84 \times 10^{-2}$**	**Frazione Pianeti Stabili**
3			Sistemi stellari multipli
4			Supernove a meno di 40 al
5			Lampi gamma a meno di 5000 al
6			Super brillamenti della propria stella
7			Transito dei giganti gassosi su orbite interne
8			Bombardamento meteoritico prolungato
9			Instabilità dell'asse di rotazione
10			Assenza del ciclo del carbonio
11			Assenza del campo magnetico planetario
	Drake 4	**$5,16 \times 10^{-1}$**	**Frazione Di Pianeti Dove Nasce La Vita**
12			La sintesi abiologica delle molecole biologiche
13			La concentrazione del brodo primordiale
14			La formazione delle sacche lipidiche
15			L'inclusione nelle membrane lipidiche della clorofilla
16			La "fotopompa per protoni"
17			La formazione dei filamenti di acido nucleico
18			Il ruolo catalitico dell'RNA
19			Determinazione dei ruoli
20			Formazione della membrana cellulare
21			Emergenza del codice genetico

© The Author(s), under exclusive license to Springer Nature Switzerland AG 2025
E. Mieli, A. M. F. Valli, C. Maccone, *La galassia vivente*,
https://doi.org/10.1007/978-3-031-65654-5

Tab. Appendici.1   (*Prosecuzione*) Riepilogo dei 50 passi dell'equazione di Drake

Passo	Par. Drake	Valore	Descrizione
	Drake 5 eucarioti	**$5,45 \times 10^{-1}$**	**Frazione Di Pianeti Dove Nascono Eucarioti**
22			L'evoluzione di un batterio aerobio
23			L'incontro ospite-simbionte
24			La formazione dei pori e la fuoriuscita delle estensioni citoplasmatiche
25			L'"avvolgimento" dei simbionti e la sparizione della parete cellulare dell'ospite
26			La penetrazione dei simbionti nel citoplasma
27			La migrazione del DNA dal genoma del simbionte a quello dell'ospite
28			L'acquisizione della membrana citoplasmatica eucariotica
29			L'inglobamento in un solo rivestimento e la fagocitosi
	Drake 5 metazoi	**$8,49 \times 10^{-1}$**	**Frazione Di Pianeti Dove Nascono Animali (Metazoi)**
30			L'acquisizione di un ciclo di vita complesso
31			L'aggregazione delle zoospore e la formazione dello synzoospore
32			La colonia sedentaria composta da cellule differenziate
33			La produzione del collagene
	Drake 5 CET	**$3,48 \times 10^{-2}$**	**Frazione Di Pianeti Dove Nascono Civiltà Tecnologiche (CET)**
34			Aumento dimensioni metazoi (sistema nervoso e vascolare)
35			Sviluppo arti
36			Conquista terraferma
37			Differenziazione animali terrestri
38			Acquisizione della socialità
39			Stazione eretta e manualità
40			Cambio dieta e crescita encefalo
41			Organizzazione dell'encefalo sul pensiero astratto
42			Nascita del linguaggio articolato e della tecnica
43	**Drake 6**	**$5,00 \times 10^{-1}$**	**Frazione Di Pianeti Dove La Vita Decide Di Comunicare**

Tab. Appendici.1 (*Prosecuzione*) Riepilogo dei 50 passi dell'equazione di Drake

Passo	Par. Drake	Valore	Descrizione
	Drake 7	**$7{,}29 \times 10^{-6}$**	**Frazione Di Durata Della Cet Statiche (K < 1,4)**
44			Autodistruzione dovuta ad insufficienza evolutiva
45			Errore tecnologico involontario
46			Insufficienza tecnologica ad affrontare mutamenti planetari
47			Involuzione spontanea
48			Transizione genetica artificiale finita su un binario morto
49			Transizione dell'intelligenza artificiale finita su un binario morto
50			Raggiungimento **punto** Ω
	Drake 7	**$4{,}64 \times 10^{-3}$**	**Frazione Di Cet Dinamiche Che Superano Le 7 Sfide E Diventano Eterne(K ≥ 1,4)**

Appendice B: percentuale di pianeti passati e presenti per ogni stadio di sviluppo

La sequenza di calcolo riportata in queste tabelle parte dai primi tre parametri di Drake, quelli astronomici, fornendo la loro combinazione probabilistica per tutti i valori di durata del pianeta, da **0** a **9,5 Ga**.

La combinazione successiva con i paramenti seguenti, dal 4° in poi, tiene conto dei tempi necessari al verificarsi dei processi riportati in Tab. IV.3. In base a quei tempi viene scelto il corrispondente valore del 3° parametro.

Fino al 6° parametro viene riportata sia la numerosità dei pianeti abitati da forme di vita durante tutta la popolazione stellare di **7 Ga**, che di quelli abitati tutt'ora. Il 7° parametro introduce invece un rigido vincolo temporale che ci fornisce direttamente le CET attuali sia nel caso di civiltà statiche K1 (**7A**) che in quello di civiltà dinamiche K2 (**7B**).

Faciamo infine notare che i valori di distanza riportati in Tab. IV.4 sono ricavati tenendo conto dei seguenti valori medi delle grandezze tipiche del disco galattico, senza cioè considerare il centro galattico (bulge):

$1{,}13 \cdot 10^{11}$	Numero medio stelle disco galattico
$1{,}53 \cdot 10^{13}$	Volume medio disco galattico (**al³**)
5	Distanza media stelle galattico (**al**)

Appendice B1

Tab. Appendici.2   Percentuale di pianeti passati e presenti per ogni stadio di sviluppo

1°-2°-3° Drake

grandezza sperimentale	ΔT anni (di durata del pianeta)	frazione minima nel tempo max A_j	frazione massima nel tempo max B_j	componente j media logaritmo μ_j	componente j varianza logaritmo σ_j^2	somma media logaritmo μ	somma varianza logaritmo σ^2	media processo tot $\langle x_p \rangle$	scostamento processo tot σx_p	MIN pianeti potenzialmente abitabili $\langle xD \rangle_A$	MAX pianeti potenzialmente abitabili $\langle xD \rangle_A$
1 Numero di stelle della galassia adatte alla vita (di classe spettrale F, G e K)		1,00E+10	1,20E+10	23,1198	0,0028						
2 numero pianeti adatti nella zona abitabile per stella (di classe spettrale F, G e K)		1,60E-01	2,00E-01	-1,7169	0,0041						
3 frazione di pianeti stabili per anni	0,00E+00	1,00E+00	1,00E+00	0,0000	0,0000	21,4029	0,0069	1,98E+09	1,65E+08	1,69E+09	2,27E+09
	5,00E+08	6,92E-01	7,80E-01	-0,3067	0,0012	21,0962	0,0081	1,46E+09	1,31E+08	1,23E+09	1,69E+09
	1,00E+09	4,79E-01	6,09E-01	-0,6111	0,0048	20,7918	0,0117	1,08E+09	1,17E+08	8,75E+08	1,28E+09
	1,50E+09	3,32E-01	4,75E-01	-0,9130	0,0107	20,4899	0,0176	7,99E+08	1,06E+08	6,14E+08	9,83E+08
	2,00E+09	2,30E-01	3,71E-01	-1,2126	0,0189	20,1903	0,0258	5,94E+08	9,62E+07	4,28E+08	7,61E+08
	2,50E+09	1,59E-01	2,89E-01	-1,5099	0,0294	19,8930	0,0363	4,44E+08	8,54E+07	2,96E+08	5,92E+08
	3,00E+09	1,10E-01	2,26E-01	-1,8048	0,0420	19,5981	0,0489	3,33E+08	7,45E+07	2,04E+08	4,62E+08
	3,50E+09	7,62E-02	1,76E-01	-2,0975	0,0567	19,3054	0,0636	2,50E+08	6,41E+07	1,39E+08	3,61E+08
	4,00E+09	5,27E-02	1,38E-01	-2,3879	0,0732	19,0150	0,0801	1,89E+08	5,45E+07	9,42E+07	2,83E+08
	4,50E+09	3,65E-02	1,07E-01	-2,6762	0,0916	18,7267	0,0985	1,43E+08	4,59E+07	6,32E+07	2,22E+08
	5,00E+09	2,53E-02	8,37E-02	-2,9623	0,1116	18,4406	0,1185	1,08E+08	3,84E+07	4,17E+07	1,75E+08
	5,50E+09	1,75E-02	6,54E-02	-3,2464	0,1331	18,1566	0,1400	8,24E+07	3,19E+07	2,71E+07	1,38E+08
	6,00E+09	1,21E-02	5,10E-02	-3,5284	0,1559	17,8745	0,1628	6,28E+07	2,64E+07	1,71E+07	1,09E+08
	6,50E+09	8,38E-03	3,98E-02	-3,8085	0,1799	17,5945	0,1868	4,81E+07	2,18E+07	1,03E+07	8,58E+07
	7,00E+09	5,80E-03	3,11E-02	-4,0867	0,2050	17,3163	0,2119	3,68E+07	1,79E+07	5,84E+06	6,78E+07
	7,50E+09	4,01E-03	2,42E-02	-4,3630	0,2308	17,0399	0,2377	2,83E+07	1,47E+07	2,91E+06	5,37E+07
	8,00E+09	2,78E-03	1,89E-02	-4,6376	0,2574	16,7653	0,2643	2,18E+07	1,20E+07	1,03E+06	4,26E+07
	8,50E+09	1,92E-03	1,48E-02	-4,9106	0,2845	16,4923	0,2914	1,68E+07	9,78E+06	-1,24E+05	3,38E+07
	9,00E+09	1,33E-03	1,15E-02	-5,1819	0,3119	16,2210	0,3188	1,30E+07	7,97E+06	-7,98E+05	2,68E+07
	9,50E+09	9,22E-04	8,99E-03	-5,4517	0,3396	15,9512	0,3465	1,01E+07	6,48E+06	-1,15E+06	2,13E+07

Note a lato (blocco 1):

5,E+08 passo temporale
τ MIN = 1.359.230.076 anni
τ MAX = 2.016.147.681 anni
$p = \exp(-\Delta TMAX/\tau)$

4° Drake

grandezza sperimentale	ΔT anni (di durata del pianeta)	frazione minima nel tempo max A_j	frazione massima nel tempo max B_j	componente j media logaritmo μ_j	componente j varianza logaritmo σ_j^2	somma media logaritmo μ	somma varianza logaritmo σ^2	media processo tot $\langle x_p \rangle$	scostamento processo tot σx_p	MIN processo tot $\langle xD \rangle_A$	MAX processo tot
1 Numero di stelle della galassia adatte alla vita (di classe spettrale F, G e K)		1,00E+10	1,20E+10	23,1198	0,0028						
2 numero pianeti adatti nella zona abitabile per stella (di classe spettrale F, G e K)		1,60E-01	2,00E-01	-1,7169	0,0041						
3 frazione di pianeti stabili per anni	9,00E+08	6,92E-01	7,80E-01	-0,3067	0,0012						
4 frazione di pianeti dove nasce la vita		3,22E-01	6,55E-01	-0,7359	0,0409	20,3603	0,0490	7,13E+08	1,60E+08	4,36E+08	9,86E+08

Note a lato (blocco 4):

91.652.355 pianeti attuali su un totale di 187.439.505
712.851.649 pianeti in 7 Ga su un totale di 1.457.862.814

5° eucarioti

grandezza sperimentale	ΔT anni (di durata del pianeta)	frazione minima nel tempo max A_j	frazione massima nel tempo max B_j	componente j media logaritmo μ_j	componente j varianza logaritmo σ_j^2	somma media logaritmo μ	somma varianza logaritmo σ^2	media processo tot $\langle x_p \rangle$	scostamento processo tot σx_p	MIN processo tot $\langle xD \rangle_A$	MAX processo tot
1 Numero di stelle della galassia adatte alla vita (di classe spettrale F, G e K)		1,00E+10	1,20E+10	23,1198	0,0028						
2 numero pianeti adatti nella zona abitabile per stella (di classe spettrale F, G e K)		1,60E-01	2,00E-01	-1,7169	0,0041						
3 frazione di pianeti stabili per anni	3,00E+09	1,10E-01	2,26E-01	-1,8048	0,0420						
4 frazione di pianeti dove nasce la vita		3,22E-01	6,55E-01	-0,7359	0,0409						
5 frazione di pianeti dove nascono eucarioti		2,89E-01	7,09E-01	-0,7264	0,0644	18,1358	0,1541	8,12E+07	3,32E+07	2,38E+07	1,39E+08

Note a lato (blocco 5):

34.816.547 pianeti attuali su un totale di 142.555.979
81.238.609 pianeti in 7 Ga su un totale di 332.630.617

Appendice B2

Tab. Appendici.3 Percentuale di pianeti passati e presenti per ogni stadio di sviluppo

5° metazoi

	grandezza sperimentale	ΔT anni di durata del pianeta	frazione minima nel tempo max A_j	frazione massima nel tempo max B_j	componente j media logaritmo μ_j	componente j varianza logaritmo σ^2_j	somma media logaritmo μ	somma varianza logaritmo σ^2	media processo tot $\langle X_j\rangle$	scostamento processo tot σX_j	MIN processo tot $\langle X\rangle_A$	MAX processo tot $\langle X\rangle_B$	pianeti in 7 Ga su un totale di	pianeti attuali su un totale di
1	Numero di stelle della galassia adatte alla vita (di classe spettrale F, G e K)		1,00E+10	1,20E+10	23,1198	0,0028	17,2836	0,2026	3,55E+07	1,68E+07	6,36E+06	6,46E+07	35.493.456	20.281.975
2	numero pianeti adatti nella zona abitabile per stella (di classe spettrale F, G e K)		1,60E-01	2,00E-01	-1,7169	0,0041							188.580.549	107.760.314
3	frazione di pianeti stabili per anni 4,00E+09		5,27E-02	1,38E-01	-2,3879	0,0732								
4	frazione di pianeti dove nasce la vita		3,22E-01	6,55E-01	-0,7359	0,0409								
5 eucarioti	frazione di pianeti dove nascono eucarioti		2,89E-01	7,09E-01	-0,7264	0,0644								
5 metazoi	frazione di pianeti dove nascono metazoi		5,97E-01	9,44E-01	-0,2692	0,0172								

5° CET

	grandezza sperimentale	ΔT anni di durata del pianeta	frazione minima nel tempo max A_j	frazione massima nel tempo max B_j	componente j media logaritmo μ_j	componente j varianza logaritmo σ^2_j	somma media logaritmo μ	somma varianza logaritmo σ^2	media processo tot $\langle X_j\rangle$	scostamento processo tot σX_j	MIN processo tot $\langle X\rangle_A$	MAX processo tot $\langle X\rangle_B$	pianeti in 7 Ga su un totale di	pianeti attuali su un totale di
1	Numero di stelle della galassia adatte alla vita (di classe spettrale F, G e K)		1,00E+10	1,20E+10	23,1198	0,0028	13,5528	0,3909	9,35E+05	6,47E+05	-1,85E+05	2,06E+06	934.994	601.067
2	numero pianeti adatti nella zona abitabile per stella (di classe spettrale F, G e K)		1,60E-01	2,00E-01	-1,7169	0,0041							142.657.715	91.708.531
3	frazione di pianeti stabili per anni 4,50E+09		3,65E-02	1,07E-01	-2,6762	0,0916								
4	frazione di pianeti dove nasce la vita		3,22E-01	6,55E-01	-0,7359	0,0409								
5 eucarioti	frazione di pianeti dove nascono eucarioti		2,89E-01	7,09E-01	-0,7264	0,0644								
5 metazoi	frazione di pianeti dove nascono metazoi		5,97E-01	9,44E-01	-0,2692	0,0172								
5 CET	frazione di pianeti dove nascono CET		1,25E-02	5,66E-02	-3,4425	0,1700								

6° Drake

	grandezza sperimentale	ΔT anni di durata del pianeta	frazione minima nel tempo max A_j	frazione massima nel tempo max B_j	componente j media logaritmo μ_j	componente j varianza logaritmo σ^2_j	somma media logaritmo μ	somma varianza logaritmo σ^2	media processo tot $\langle X_j\rangle$	scostamento processo tot σX_j	MIN processo tot $\langle X\rangle_A$	MAX processo tot $\langle X\rangle_B$	pianeti in 7 Ga su un totale di	pianeti attuali su un totale di
1	Numero di stelle della galassia adatte alla vita (di classe spettrale F, G e K)		1,00E+10	1,20E+10	23,1198	0,0028	12,8529	0,4045	4,68E+05	3,30E+05	-1,04E+05	1,04E+06	467.518	300.547
2	numero pianeti adatti nella zona abitabile per stella (di classe spettrale F, G e K)		1,60E-01	2,00E-01	-1,7169	0,0041							142.657.715	91.708.531
3	frazione di pianeti stabili per anni 4,50E+09		3,65E-02	1,07E-01	-2,6762	0,0916								
4	frazione di pianeti dove nasce la vita		3,22E-01	6,55E-01	-0,7359	0,0409								
5 eucarioti	frazione di pianeti dove nascono eucarioti		2,89E-01	7,09E-01	-0,7264	0,0644								
5 metazoi	frazione di pianeti dove nascono metazoi		5,97E-01	9,44E-01	-0,2692	0,0172								
5 CET	frazione di pianeti dove nascono CET		1,25E-02	5,66E-02	-3,4425	0,1700								
6	frazione di pianeti dove la vita decide di comunicare		4,00E-01	6,00E-01	-0,6999	0,0136								

Appendice B3

Tab. Appendici.4   Percentuale di pianeti passati e presenti per ogni stadio di sviluppo

7° A Drake — pianeti attuali su un totale di 142.657.715: **3**

	grandezza sperimentale	ΔT anni di durata del pianeta	frazione minima nel tempo max A_i	frazione massima nel tempo max B_i	componente j media logaritmo μ_j	componente j varianza logaritmo σ^2_j	somma media logaritmo μ	somma varianza logaritmo σ^2	media processo tot $\langle X_p \rangle$	scostamento processo tot σX_p	MIN processo tot $\langle X_p \rangle_A$	MAX processo tot $\langle X_p \rangle_B$
1	Numero di stelle della galassia adatte alla vita (di classe spettrale F, G e K)		1,00E+10	1,20E+10	23,1198	0,0028	1,0213	0,4110	3,41E+00	2,43E+00	-8,01E-01	7,62E+00
2	numero pianeti adatti nella zona abitabile per stella (di classe spettrale F, G e K)		1,60E-01	2,00E-01	-1,7169	0,0041						
3	frazione di pianeti stabili per anni	4,55E+09	3,65E-02	1,07E-01	-2,6762	0,0916						
4	frazione di pianeti dove nasce la vita		3,22E-01	6,55E-01	-0,7359	0,0409						
5 eucarioti	frazione di pianeti dove nascono eucarioti		2,89E-01	7,09E-01	-0,7264	0,0644						
5 metazoi	frazione di pianeti dove nascono metazoi		5,97E-01	9,44E-01	-0,2692	0,0172						
5 CET	frazione di pianeti dove nascono CET		1,25E-02	5,66E-02	-3,4425	0,1700						
6	frazione di pianeti dove la vita decide di comunicare		4,00E-01	6,00E-01	-0,6999	0,0136						
7	frazione temporale della durata di una civiltà di tipo K1 statica		6,29E-06	8,30E-06	-11,8316	0,0064						

7° B Drake — pianeti attuali su un totale di 142.657.715: **2.214**

	grandezza sperimentale	ΔT anni di durata del pianeta	frazione minima nel tempo max A_i	frazione massima nel tempo max B_i	componente j media logaritmo μ_j	componente j varianza logaritmo σ^2_j	somma media logaritmo μ	somma varianza logaritmo σ^2	media processo tot $\langle X_p \rangle$	scostamento processo tot σX_p	MIN processo tot $\langle X_p \rangle_A$	MAX processo tot $\langle X_p \rangle_B$
1	Numero di stelle della galassia adatte alla vita (di classe spettrale F, G e K)		1,00E+10	1,20E+10	23,1198	0,0028	7,3533	0,6981	2,21E+03	2,22E+03	-1,64E+03	6,07E+03
2	numero pianeti adatti nella zona abitabile per stella (di classe spettrale F, G e K)		1,60E-01	2,00E-01	-1,7169	0,0041						
3	frazione di pianeti stabili per anni	4,55E+09	3,65E-02	1,07E-01	-2,6762	0,0916						
4	frazione di pianeti dove nasce la vita		3,22E-01	6,55E-01	-0,7359	0,0409						
5 eucarioti	frazione di pianeti dove nascono eucarioti		2,89E-01	7,09E-01	-0,7264	0,0644						
5 metazoi	frazione di pianeti dove nascono metazoi		5,97E-01	9,44E-01	-0,2692	0,0172						
5 CET	frazione di pianeti dove nascono CET		1,25E-02	5,66E-02	-3,4425	0,1700						
6	frazione di pianeti dove la vita decide di comunicare		4,00E-01	6,00E-01	-0,6999	0,0136						
7	frazione temporale della durata di una civiltà di tipo K2 dinamica		1,03E-03	8,25E-03	-5,4996	0,2935						

Appendice C: Il Calcolo Della Funzione di distribuzione del 7° parametro

Sapendo che $\boldsymbol{\Phi(z)}$ è la lognormale di Maccone, la funzione di distribuzione $\mathbf{F_p}(\Delta T_p)$ si scrive:

$$\begin{cases} \Phi(z) \equiv \dfrac{1}{z} \cdot \dfrac{1}{\sqrt{2\pi}\sigma} e^{-\frac{(\ln(z)-\mu)^2}{2\sigma^2}} \\[2mm] F_p(\Delta T_p) = \Phi\left(p^{\frac{\Delta T_0}{\Delta T_p}}\right) \cdot p^{\frac{\Delta T_0}{\Delta T_p}} \cdot \left(\dfrac{\Delta T_0 \ln\frac{1}{p}}{\Delta T_p{}^2}\right) \end{cases}$$

Per derivare rispetto a $\boldsymbol{\Delta T_p}$ l'equazione sopra riportata utilizziamo le seguenti formule:

$$\begin{cases} \dfrac{d}{dz}\Phi(z) = \Phi(z) \cdot \left[\dfrac{\mu - \ln(z) - \sigma^2}{z\sigma^2}\right] \\[3mm] \dfrac{d}{dy}\left(p^{\frac{y_0}{y}}\right) = \dfrac{y_0 \cdot \ln\left(\frac{1}{p}\right) \cdot p^{\frac{y_0}{y}}}{y^2} \\[3mm] \dfrac{d}{dy}\left[p^{\frac{y_0}{y}} \cdot \left(\dfrac{y_0 \cdot \ln\frac{1}{p}}{y^2}\right)\right] = \left\lfloor \dfrac{y_0 \cdot \ln\left(\frac{1}{p}\right) \cdot p^{\frac{y_0}{y}}}{y^4}\right\rfloor \cdot \left\lfloor y_0 \cdot \ln\left(\frac{1}{p}\right) - 2y \right\rfloor \end{cases}$$

Dove abbiamo posto, come notazione sintetica: $\boldsymbol{\Delta T_p = y}$ e $\boldsymbol{\Delta T_0 = y_0}$
Pertanto si avrà:

$$\frac{d}{dy}F(y) = \Phi\left(p^{\frac{y_0}{y}}\right) \cdot \frac{y_0 \cdot \ln\left(\frac{1}{p}\right) \cdot p^{\frac{y_0}{y}}}{y^5 \sigma^2}$$

$$\cdot \left[(-2\sigma^2) \cdot y^2 + \left(\mu \cdot y_0 \cdot \ln\left(\frac{1}{p}\right)\right) \cdot y + \left(y_0 \cdot \ln\left(\frac{1}{p}\right)\right)^2\right] = 0$$

Ovvero:

$$\left(-2\sigma^2\right) \cdot y^2 + \left(\mu \cdot y_0 \cdot \ln\left(\frac{1}{p}\right)\right) \cdot y + \left(y_0 \cdot \ln\left(\frac{1}{p}\right)\right)^2 = 0$$

E quindi, selezionando solo la soluzione maggiore di zero per y:

$$\begin{cases} y_{MAX} = C \cdot \left(y_0 \cdot \ln\left(\frac{1}{p}\right)\right) \\ C = \frac{\mu + \sqrt{\mu^2 + 8\sigma^2}}{4\sigma^2} \end{cases}$$

Infine, nel punto di massimo, per $\mathbf{F_p}(\Delta T_p)$, si avrà:

$$\begin{cases} F\left(\Delta T_{pMAX}\right) = D \cdot \dfrac{1}{y_0 \cdot \ln\left(\frac{1}{p}\right)} \\ D = \dfrac{\exp\left[-\dfrac{1}{2\sigma^2}\left(\dfrac{4\sigma^2}{\sqrt{\mu^2+8\sigma^2}+\mu}+\mu\right)^2\right]}{\sqrt{2\pi}\sigma\left(\dfrac{\sqrt{\mu^2+8\sigma^2}+\mu}{4\sigma^2}\right)^2} \end{cases}$$

Appendice D: il calcolo completo della lognormale

Passaggio 1: convertire ogni fattore in una variabile casuale

In questo documento, adottiamo le notazioni del grande libro "Probabilità, variabili casuali e processi stocastici" di Athanasios Papoulis (1921–2002), ora ripubblicato come Papoulis-Pillai. Il vantaggio di questa notazione è che fa una distinzione netta tra le variabili probabilistiche (o statistiche: è la stessa cosa qui), sempre indicate in *maiuscole*, da variabili non probabillistiche (o "deterministiche"), sempre indicate da caratteri *minuscoli*.

Introduciamo quindi sette nuove variabili casuali (positive) D_I ("D" da "Drake") definite come

$$\begin{cases} D_1 = N_s \\ D_2 = f_p \\ D_3 = n_e \\ D_4 = f_l \\ D_5 = f_i \\ D_6 = f_c \\ D_7 = f_L \end{cases}$$

$$(2)$$

in modo che la nostra **equazione Statistica di Drake** possa essere semplicemente riscritta come

$$N = \prod_{i=1}^{7} D_i.$$

$$(3)$$

Naturalmente, N ora diventa anche una variabile (positiva) casuale, con il suo valore medio (positivo) e la deviazione standard. Proprio come ciascuno dei D_i ha il suo valore medio (positivo) e la deviazione standard …

… La domanda naturale sorge quindi: come sono i sette valori medi sulla destra correlati al valore medio a sinistra?

… E in che modo le sette deviazioni standard a destra sono relative alla deviazione standard a sinistra?

Facciamo solo il passo successivo, il Secondo Passo.

Passaggio 2: introduzione dei logaritmi per cambiare il prodotto in una somma
I prodotti di variabili casuali non sono facili da gestire nella teoria della probabilità. In realtà è molto più facile gestire somme di variabili casuali, piuttosto che prodotti, perché:
1) La densità di probabilità della somma di due o più variabili casuali indipendenti è la convoluzione delle densità di probabilità pertinenti (non ci preoccuperemo per le equazioni, in questo momento).
2) La trasformata di Fourier della convoluzione è semplicemente il prodotto delle trasformazioni di Fourier (di nuovo, non preoccupiamoci per le equazioni, adesso).

Quindi, prendiamo i logaritmi naturali ad entrambi i lati dell'Eq statistico Drake (3) e trasformiamola in una somma:

$$\ln(N) = \ln \prod_{i=1}^{7} D_i = \sum_{i=1}^{7} \ln(D_i).$$
(4)

Ora è conveniente introdurre otto nuove variabili casuali (positive) definite come segue:

$$\begin{cases} Y = \ln(N) \\ Y_i = \ln(D_i) \quad i = 1, \ldots, 7. \end{cases}$$
(5)

In caso di inversione, la prima equazione dell'Eq. (5) produce l'equazione importante, che verrà utilizzata in seguito

$$N = e^Y.$$
(6)

Ora siamo pronti a fare il Terzo Passaggio.

Passaggio 3: la legge sulla trasformazione delle variabili casuali
Finora non abbiamo menzionato affatto il problema: "Quale distribuzione di probabilità dovremmo legare a ciascuna delle sette variabili casuali (positive) D_i?"

Non è facile rispondere a questa domanda perché non abbiamo il minimo indizio scientifico su quali distribuzioni di probabilità si adattano al meglio a ciascuno dei sette punti elencati nella Sezione 1.

Tuttavia, deve essere evitato almeno un errore banale: sostenere cioè che ciascuna di quelle sette variabili casuali deve avere una distribuzione gaussiana (cioè normale). In effetti, la distribuzione gaussiana, con la nota funzione di densità di probabilità a forma di campana

$$f_X(x; \mu, \sigma) = \frac{1}{\sqrt{2\pi}\sigma} e^{-\frac{(x-\mu)^2}{2\sigma^2}} \quad (\sigma \geq 0)$$
(7)

ha la sua variabile indipendente X che varia tra $-\infty$ e ∞ e quindi può applicarsi solo a una vera variabile casuale X e mai a variabili casuali positive come quelle nell'Equazione statistica di Drake (3).

Per ricercare funzioni di densità di probabilità che rappresentano variabili casuali positive, una scelta ovvia sarebbe le distribuzioni Gamma. Tuttavia, abbiamo anche scartato questa scelta a causa di una ragione diversa: teniamo presente che, secondo l'Eq. (5), una volta selezionato un particolare tipo di funzione di densità di probabilità (pdf) per i sette elementi di Eq. (5), dovremo quindi calcolare il pdf (nuovo e diverso) dei logaritmi di tali variabili casuali. E il pdf di questi logaritmi non è certamente più di tipo gamma.

È giunto il momento di ricordare al lettore un certo teorema che si dimostra nei corsi di probabilità, ma, sfortunatamente, non sembra avere un nome specifico. È la legge sulla trasformazione che ci consente di calcolare il pdf di una certa nuova variabile casuale Y che è una funzione nota $y = g(x)$ di un altro Variabile casuale X con un pdf noto. In altre parole, se il pdf $f_x(x)$ di una certa variabile casuale X è noto, allora il pdf $f_y(y)$ della nuova variabile casuale y, correlata a x dalla relazione funzionale

$$Y = g(X) \tag{8}$$

può essere calcolato secondo questa regola:
1) Innanzitutto, invertire la corrispondente equazione non probabilistica $y = g(x)$ e denotare da $x_i(y)$ le varie radici reali risultanti da questa inversione.
2) Secondo, nota se queste radici reali possono essere finitamente o infinite, in base alla natura della funzione $y = g(x)$.
3) In terzo luogo, la funzione di densità di probabilità di Y viene quindi data dalla somma (finita o infinita)

$$f_Y(y) = \sum_i \frac{f_X(x_i(y))}{|g'(x_i(y))|} \tag{9}$$

dove la somma si estende a tutte le radici $x_i(y)$ e $|g'(x_i(y))|$ è il valore assoluto del primo derivato di $G(x)$, in cui è stato sostituito la radice i-esima $X_i(Y)$ anziché X.

Poiché dobbiamo usare questa legge sulla trasformazione per trasferire dalla D_i a $Y_i = \ln(D_i)$, è chiaro che dobbiamo iniziare da una pdf delle D_i il più semplice possibile. Il pdf gamma non risponde a questa esigenza perché l'espressione analitica del pdf trasformato è molto complicata (o, almeno, sembrava così per questo autore in primo luogo). Inoltre, la distribuzione gamma ha due parametri gratuiti in essa e questo "complica" la sua applicazione ai vari significati dell'equazione di Drake. In conclusione, abbiamo scartato le distribuzioni gamma e ci siamo limitati alla distribuzione uniforme più semplice, come mostrato nella sezione successiva.

Passaggio 4: supponendo la distribuzione di input più semplice per ogni D_i: la distribuzione uniforme

Supponiamo ora che ciascuno dei sette D_i sia distribuito uniformemente nell'intervallo che va dal limite inferiore $A_i \geq 0$ al limite superiore $B_i \geq A_i$.

È come dire che la funzione di densità di probabilità di ciascuna delle sette variabili casuali di Drake D_i abbia la seguente forma

$$f_{\text{uniform\_}D_i}(x) = \frac{1}{b_i - a_i} \text{ con } 0 \leq a_i \leq x \leq b_i$$

(10)

Come segue subito dalla condizione di normalizzazione

$$\int_{a_i}^{b_i} f_{\text{uniform\_}D_i}(x)dx = 1.$$

(11A)

Consideriamo ora il valore medio di tale D_i uniforme definito da

$$\langle \text{uniform\_}D_i \rangle = \int_{a_i}^{b_i} x f_{\text{uniform\_}D_i}(x)dx = \frac{1}{b_i - a_i} \int_{a_i}^{b_i} x dx$$

$$= \frac{1}{b_i - a_i} \left[\frac{x^2}{2} \right]_{a_i}^{b_i} = \frac{b_i^2 - a_i^2}{2(b_i - a_i)} = \frac{a_i + b_i}{2}.$$

(11B)

In parole povere (come è intuitivamente ovvio): il valore medio della distribuzione uniforme è semplicemente la media del limite superiore e di quello inferiore dell'intervallo variabile

$$\langle \text{uniform\_}D_i \rangle = \frac{a_i + b_i}{2}.$$

(12A)

Per trovare la varianza della distribuzione uniforme, dobbiamo prima trovare il secondo *momento*

$$\langle \text{uniform\_}D_i^2 \rangle = \int_{a_i}^{b_i} x^2 f_{\text{uniform\_}D_i}(x)dx$$

$$= \frac{1}{b_i - a_i} \int_{a_i}^{b_i} x^2 dx = \frac{1}{b_i - a_i} \left[\frac{x^3}{3} \right]_{a_i}^{b_i} = \frac{b_i^3 - a_i^3}{3(b_i - a_i)}$$

$$= \frac{(b_i - a_i)(a_i^2 + a_i b_i + b_i^2)}{3(b_i - a_i)} = \frac{a_i^2 + a_i b_i + b_i^2}{3}.$$

(12B)

Il secondo momento della distribuzione uniforme è quindi

$$\left\langle \text{uniform\_D}_i{}^2 \right\rangle = \frac{a_i^2 + a_i b_i + b_i^2}{3}.$$

(13)

Dall'Eqs. (12) e (13), ora possiamo derivare la varianza della distribuzione uniforme

$$\sigma^2_{\text{uniform\_D}_i} = \left\langle \text{uniform\_D}_i{}^2 \right\rangle - \left\langle \text{uniform\_D}_i \right\rangle^2$$

$$= \frac{a_i^2 + a_i b_i + b_i^2}{3} - \frac{(a_i + b_i)^2}{4} = \frac{(b_i - a_i)^2}{12}.$$

(14)

Dopo aver preso la radice quadrata di entrambi i lati dell'Eq. (14), otteniamo finalmente la deviazione standard della distribuzione uniforme:

$$\sigma_{\text{uniform\_D}_i} = \frac{b_i - a_i}{2\sqrt{3}}.$$

(15)

Ora desideriamo eseguire un calcolo matematicamente banale, ma piuttosto inaspettato dal punto di vista intuitivo e molto importante per le nostre applicazioni all'equazione statistica di Drake. Consideriamo le due equazioni (12) e (15)

$$\begin{cases} \left\langle \text{uniform\_D}_i \right\rangle = \frac{a_i + b_i}{2} \\ \sigma_{\text{uniform\_D}_i} = \frac{b_i - a_i}{2\sqrt{3}}. \end{cases}$$

(16)

Dopo aver invertito questo banale sistema lineare, si trova

$$\begin{cases} a_i = \left\langle \text{uniform\_D}_i \right\rangle - \sqrt{3}\,\sigma_{\text{uniform\_D}_i} \\ b_i = \left\langle \text{uniform\_D}_i \right\rangle + \sqrt{3}\,\sigma_{\text{uniform\_D}_i}. \end{cases}$$

(17)

Questo risultato è di fondamentale importanza per la nostra applicazione all'equazione statistica di Drake in quanto dimostra che:

Se uno (scientificamente) assegna il valore medio e la deviazione standard di una determinata variabile casuale D_i di Drake, allora i limiti inferiori e superiori della distribuzione uniforme pertinente sono forniti rispettivamente dai due Eq. (17).

In altre parole, c'è un fattore di $3^{1/2} = 1{,}732$ incluso nelle due espressioni dell'Eq. (17). Ciò non è affatto ovvio all'intuizione umana e deve davvero essere preso in considerazione.

Prova del teorema di Shannon del 1948 affermando che la distribuzione uniforme è quella "più incerta" rispetto a qualsiasi intervallo di valori finito.

Come è noto, l'entropia di Shannon di qualsiasi funzione di densità di probabilità P(X) è data dall'integrale

$$\text{Shannon\_Entropy\_of\_p(x)} = -\int_{-\infty}^{\infty} p(x) \log p(x) dx.$$

$$(45)$$

Nei moderni libri di testo questo si chiama anche entropia differenziale di Shannon.

Ora consideriamo il caso in cui una densità di probabilità p(x) sia limitata a un intervallo finito $a \leq x \leq b$. Questo è ovviamente il caso di qualsiasi variabile casuale positiva fisica, come il numero N di civiltà di comunicazione extraterrestre nella galassia. Ora desideriamo dimostrare che per una variabile casuale così finita la distribuzione massima dell'entropia è la distribuzione uniforme su $a \leq x \leq b$.

Shannon non si prese la briga di dimostrare questo semplice teorema nei suoi articoli del 1948 poiché probabilmente lo considerava troppo banale. Ma preferiamo sottolineare questo teorema poiché, nel linguaggio dell'equazione statistica di Drake, suona così: "Dal momento che non sappiamo quale sia la distribuzione di probabilità di una delle variabili casuali di Drake, è più sicuro che ognuno di essi abbia l'entropia massima possibile su $A \leq x \leq B$, cioè che D_i è uniformemente distribuito lì".

La prova di questo teorema è la seguente:

1) Inizia assumendo $A_i \leq x \leq B_i$.
2) Quindi forma la combinazione lineare dell'integrale entropia più la condizione di normalizzazione per D_i

$$\delta \int_{a_i}^{b_i} [-p(x) \log p(x) + \lambda p(x)] dx = 0$$

$$(46)$$

Dove λ è un moltiplicatore di Lagrange.

Eseguendo la variazione, cioè differenziazione rispetto a p(x), si trova

$$-\log p(x) - 1 + \lambda = 0$$

$$(47)$$

Cioè

$$p(x) = e^{\lambda - 1}.$$

$$(48)$$

Applicando la condizione di normalizzazione (vincolo) all'ultima espressione per i rendimenti di $p(x)$

$$1 = \int_{a_i}^{b_i} p(x)dx = \int_{a_i}^{b_i} e^{\lambda-1}dx = e^{\lambda-1} \int_{a_i}^{b_i} dx = e^{\lambda-1}(b_i - a_i) \tag{49}$$

cioè

$$e^{\lambda-1} = \frac{1}{b_i - a_i} \tag{50}$$

e infine, da (48) e (50)

$$p(x) = \frac{1}{b_i - a_i} \quad \text{con} \quad a_i \le x \le b_i. \tag{51}$$

dimostrando che la distribuzione della probabilità massima-entropia su qualsiasi intervallo finito $A_i \le x \le B_i$ è solo la distribuzione uniforme.

Appendice E

Tab. Appendici.5   Rappresentazione d'insieme delle ere geologiche sul pianeta Terra
[119]

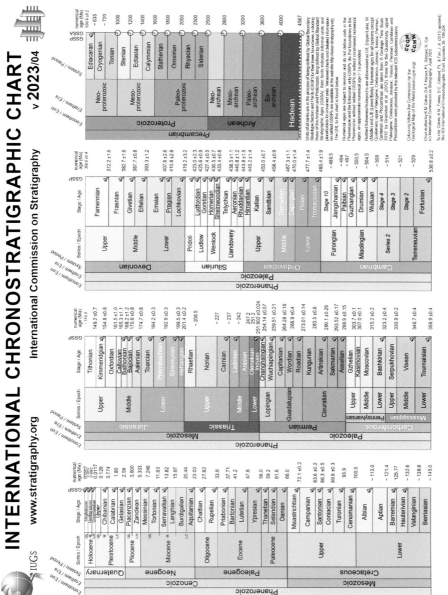

Bibliografia

1 Ageno M (1986) *Le radici della biologia*. Milano, I: Feltrinelli.
2 Ageno M (1991) *Dal non vivente al vivente*. Roma – Napoli, I: Theoria.
3 Altamura E, Albanese P, Marotta R, Milano F, Fiore M, Trotta M, Stano P and Mavelli F (2020) Light-driven ATP production promotes mRNA biosynthesis inside hybrid multi-compartment artificial protocells. *bioRxiv*.
4 Archibald J (2014) *One Plus One Equals One – Symbiosis and the evolution of complex life*. Oxford, UK: Oxford University Press.
5 Arensburg B, Tillier AM, Vandermeersch B, Duday H, Schepartz LA and Rak Y (1989) A Middle Palaeolithic Human Hyoid Bone. *Nature* 338, 758–760.
6 Baker BJ, Tyson GW, Webb RI, Flanagan J, Hugenholtz P, Allen EE and Banfield JF (2006) Lineages of acidophilic archaea revealed by community genomic analysis. *Science* 314, 1933–1935.
7 Baum B and Baum DA (2020) The merger that made us. *BMC Biology* 18, 1–4.
8 Baum DA and Baum B (2014) An Inside-Out origin for the eukaryotic cell. BMC Biology 12, 1–22.
9 Benton MJ (2014) *Vertebrate Palaentology*. New York, NY: John Wiley and Sons, 4th ed.
10 Burcar BT, Barge LM, Trail D, Watson EB, Russell MJ and McGown LB (2015) RNA oligomerization in laboratory analogues of alkaline hydrothermal vent systems, *Astrobiology* 15, 509–522.
11 Butterfield NJ (2004) A vaucheriacean alGy from the middle Neoproterozoic of Spitsbergen: implications for the evolution of Proterozoic eukaryotes and the Cambrian explosion. *Paleobiology* 30, 231–252.
12 Capasso L, Michetti E and D'Anastasio R (2008) A *Homo erectus* hyoid bone: possible implications for the origin of the human capability for speech. *Collegium antropologicum* 32, 1007–1011.

13   Cavalier-Smith T (2002) Chloroplast evolution: secondary symbiogenesis and multiple losses. Current Biology 12, 62–64.

14   Chavanis P-H, Denet B, Le Berre M, Pomeau Y (2019) Supernova implosion–explosion in the light of catastrophe theory. The European Physical Journal B 92, 1–36.

15   Colín-García M, Heredia A, Cordero G, Camprubí A, Negrón-Mendoza A, Ortega-Gutiérrez F, Beraldi H and Ramos-Bernal S (2016) Hydrothermal vents and prebiotic chemistry: a review. *Boletín de la Sociedad Geológica Mexicana* 68, 599–620.

16   Crossfield IJ, Malik M, Hill ML, Kane SR, Foley B, Alex S. AS, Coria D, Brande J, Zhang Y, Wienke K, Kreidberg L, Cowan NB, Dragomir D, Gorjian V, Mikal-Evans T, Benneke B, Christiansen JL, Deming D and Morales FY (2022) GJ 1252b: A Hot Terrestrial Super-Earth with No Atmosphere. The Astrophysical Journal letters 937, L17.

17   DasGupta S (2020) Molecular crowding and RNA catalysis. *Organic and Biomolecular Chemistry* 18, 7724–7739.

18   de Reviers B (2018) Les associations dans l'évolution du vivant In Palka L (ed), *Microbiodiversité – Un nouveau regard*. Éditions Matériologiques, Paris, pp 51–103.

19   Dodd MS, Papineau D, Grenne T, Slack JF, Rittner M, Pirajno F, O'Neil J and Little CT (2017) Evidence for early life in Earth's oldest hydrothermal vent precipitates. *Nature* 543, 60–64.

20   Doudna JA, Charpentier E (2014) The new frontier of genome engineering with CRISPR–Cas9. Science 346, 1258096.

21   Drake FD (1961) US Academy of Sciences conference on extraterrestrial intelligent life. Green Bank: West Virginia.

22   Egas C, Barroso C, Froufe HJC, Pacheco J, Albuquerque L and da Costa MS (2014) Complete genome sequence of the radiation-resistant bacterium *Rubrobacter radiotolerans* RSPS-4. *Standards in Genomic Sciences* 9, 1062–1075.

23   Eggink LL, Park H and Hoober JK (2001) The role of chlorophyll b in photosynthesis: hypothesis. *BMC Plant Biology* 1, 1–7.

24   El Albani A, Mangano MG, Buatois LA, Bengtson S, Riboulleau A, Bekker A, Konhauser K, Lyons T, Rollion-Bard C, Bankole O, Lekele Baghekema SG, Meunier A, Trentesaux A, Mazurier A, Aubineau J, Laforest C, Fontaine C, Recourt P, Chi Fru E, Macchiarelli E, Reynaud JY, Gauthier-Lafaye F and Canfield DE (2019) Organism motility in an oxygenated shallow-marine environment 2.1 billion years ago. *Proceedings of the National Academy of Sciences* 116, 3431–3436.

25   Eme L and Ettema TJG (2018) The eukaryotic ancestor shapes up. *Nature* 562, 352–353.

26   Erik G (2009) The Milky Way and Beyond Stars. Britannica Educational Publishing.

27   Ettema TJ, Lindås AC and Bernander R (2011) An actin-based cytoskeleton in archaea. *Molecular microbiology* 80, 1052–1061.

28   Fei Y, Seagle CT, Townsend JP, McCoy CA, Boujibar A, Driscoll P, Shulenburger L and Furnish MD (2021) Melting and density of MgSiO3 determined by shock compression of bridgmanite to 1254 GPa. Nature Communications 12, 1–9.

29   Ferla MP, Thrash JC, Giovannoni SJ and Patrick WM (2013) New rRNA Gene-Based Phylogenies of the Alphaproteobacteria Provide Perspective on Major Groups, Mitochondrial Ancestry and Phylogenetic Instability. *PLoS ONE* 8, 1–14.

30   Fleagle JG (2013) *Primate Adaptation and Evolution*. London, UK: Academic Press, 3^d ed.

31   Flemming HC and Wuertz S (2019) Bacteria and Archaea on Earth and their abundance in biofilms. *Nature Reviews Microbiology* 17, 247–260.

32   Forterre P, Gribaldo S and Brochier C (2005) Luca : à la recherché du plus proche ancêtre commun universel. *Médicine Sciences*, 21, 860–865.

33   Fry I (2000) *The emergency of Life on Earth – a historical and scientific overview*. New Brunswick, NJ: Rutgers University Press.

34   Garwood RJ, Oliver H and Spencer AR (2020) An introduction to the Rhynie chert. *Geological Magazine* 157, 47–64.

35   Gibson TM, Shih PM, Cumming VM, Fischer WW, Crockford PW, Hodgskiss MS, Wörndle S, Creaser RA, Rainbird RH, Skulski TM and Halverson GP (2018) Precise age of *Bangiomorpha pubescens* dates the origin of eukaryotic photosynthesis. *Geology* 46, 135–138.

36   Goëdel K (1931) Über formal unentscheidbare Sätze der Principia Mathematica und verwandter Systeme, I. Monatshefte für Mathematik und Physik 38, 173–198.

37   Gomes R, Levison HF, Tsiganis K and Morbidelli A (2005) Origin of the cataclysmic Late Heavy Bombardment period of the terrestrial planets. Nature 435, 466–469.

38   Gott JR (1993) Implications of the Copernican principle for our future prospects. Nature 363, 315–319.

39   Gould SJ (1989) *Wonderful Life: The Burgess Shale and the Nature of History*. New York, NY: W. W. Norton and Co.

40   Gray MW, Lang BF and Burger G (2004) Mitochondria of protists. *Annual review of genetics* 38, 477–524.

41   Grimaud-Hervé D (1997) *L'évolution de l'encéphale chez* Homo erectus *et* Homo sapiens *: exemples de l'Asie et de l'Europe*. Cahiers de paléoanthropologie. France, F: CNRS Editions.

42   Gros (C 2005) Expanding Advanced Civilizations in the Universe. JBIS 58, 1–3

43   Hagadorn JW, Xiao S, Donoghue PC, Bengtson S, Gostling NJ, Pawlowska M, Raff EC, Raff RA, Turner FR, Chongyu Y, Zhou C, Yuan X, McFeely MB, Stampanoni M and Nealson KH (2006) Cellular and subcellular structure of Neoproterozoic animal embryos. *Science* 314, 291–294.

44   Hart MH (1975) An explanation for the absence of extraterrestrials on earth. Quarterly journal of the royal astronomical society 16, 128–135.

45   Holland HD (2006) The oxygenation of the atmosphere and oceans. Philosophical Transactions of the Royal Society B: Biological Sciences 361, 903–915.

46   Imachi H, Nobu MK, Nakahara N, Morono Y, Ogawara M, Takaki Y, Takano Y, Uematsu K, Ikuta T, Ito M, Matsui Y, Miyazaki M, Murata K, Saito Y, Sakai S, Song C, Tasumi E, Yamanaka Y, Yamaguchi T, Kamagata Y, Tamaki H and Takai K (2020) Isolation of an archaeon at the prokaryote–eukaryote interface. *Nature* 577, 519–525.

47   Izidoro A (2022) The Exoplanet Radius Valley from Gas-driven Planet Migration and Breaking of Resonant Chains. The Astrophysical Journal Letters 939, L19.

48   Janvier P (1996) Early Vertebrates. Oxford, UK: Clarendon Press.

49   Javaux EJ, Marshall CP and Bekker A (2010) Organic-walled microfossils in 3.2-billionyear-old shallow-marine siliciclastic deposits. *Nature* 463, 934–938.

50   Kardashev NS (1964) Transmission of Information by Extraterrestrial Civilizations. Soviet Astronomy.

51   Kasting JF (2013) What caused the rise of atmospheric O2? Chemical Geology 362, 13–25.

52   Kauffman SA (2011) Approaches to the origin of life on earth. *Life* 1, 34–48.

53   Kerskens CM and Pérez DL (2022) Experimental indications of non-classical brain functions. Journal of Physics Communications 6, 105001.

54   Knoll AH (2015) *Life in a Young Planet – The first Three Billion years of Evolution on the Earth*. Princeton, NJ: Princeton University Press.

55   Krissansen-Totton J, Arney GN and Catling DC (2018) Constraining the climate and ocean pH of the early Earth with a geological carbon cycle model, *Proceedings of the National Academy of Sciences* 115, 4105–4110.

56   Kunimoto M and Matthews JM (2020) – Searching the Entirety of Kepler Data. II. Occurrence Rate Estimates for FGK Stars. The Astronomical Journal 159, 248.

57   Lane N (2002) *Oxygen: the molecule that made the world*. Oxford, UK: Oxford University Press.

58   Lane N (2015) *The Vital Question – Energy, Evolution, and the Origin of the Complex Life*. New York, NY: W. W. Norton and Company.

59   Lane N and Martin W (2010) The energetics of genome complexity. *Nature* 467, p. 929–934.

60   Lecoitre G and Le Guyader H (2017) *Classification phylogénétique du vivant*. Paris, F: Belin, 4th ed.

61   Ledrew G (2001) The Real Starry Sky. Journal of the Royal Astronomical Society of Canada 95, 32.

62   Lei L and Burton ZF (2020) Evolution of life on Earth: tRNA, aminoacyl-tRNA synthetases and the genetic code. *Life* 10, 1–22.

63   Liu Y, Makarova KS, Huang WC, Wolf YI, Nikolskaya AN, Zhang X, Cai M, Zhang C-J, Xu W, Luo Z, Cheng L, Koonin EV and Li M (2021) Expanded diversity of Asgard archaea and their relationships with eukaryotes. *Nature* 593, 553–557.

64   Lyons TW, Reinhard CT and Planavsky NJ (2014) The rise of oxygen in Earth's early ocean and atmosphere. *Nature* 506, 307–315.

65   Maccone C (2010) The Statistical Drake Equation Acta Astronautica. 67, 1366–1383.

66   Maccone C (2015) Statistical Drake–Seager Equation for exoplanet and SETI searches. Acta Astronautica 115, 277–285.

67   Maehara H, Shibayama T, Notsu S, Notsu Y, Nagao T, Kusaba S, Honda S, Nogami D and Shibata K (2012) Superflares on solar-type stars. Nature 485, 478–481.

68   Mallove E and Matloff G (1989) The Starflight Handbook: A Pioneer's Guide to Interstellar Travel. Hoboken, NJ: John Wiley and Sons, Inc.

69   Margalef-Bentabol B, Conselice CJ, Mortlock A, Hartley W , Duncan K, Kennedy R, Kocevski DD, Hasinger G (2018) Stellar populations, stellar masses and the formation of galaxy bulges and discs at z. Monthly Notices of the Royal Astronomical Society 473, 5370–5384.

70   Marguet E, Gaudin M, Gauliard E, Fourquaux I, Plouy S, Matsui I and Forterre P (2013) Membrane vesicles, nanopods and/or nanotubes produced by hyperthermophilic archaea of the genus *Thermococcus*. *Biochemical Society Transactions* 41, 436–442.

71   Margulis L (1998) *Symbiotic planet – A new look at evolution*. New York, NY: Basic Books.

72   Martin W and Müller M (1998) The hydrogen hypothesis for the first eukaryote. *Nature* 392, 37–41.

73   McHenry HM and Coffing K (2000) *Australopithecus* to *Homo*: transformations in body and mind. *Annual review of Anthropology* 29, 125–146.

74   McMenamin MAS (1998) *The garden of Ediacara – discovering the first complex life*. New York, NY: Columbia University Press.

75   McShea DW (2001) The hierarchical structure of organisms: a scale and documentation of a trend in the maximum. *Paleobiology* 27, 405–423.

76   Mendell JE, Clements KD, Choat JH and Angert ER (2008) Extreme polyploidy in a large bacterium. *Proceedings of the National Academy of Sciences* 105, 6730–6734.

77   Ménez B, Pisapia C, Andreani M, Jamme F, Vanbelligen QP, Brunelle A, Richard L, Dumas P and Réfrégiers M (2018) Abiotic synthesis of amino acids in the recesses of the oceanic lithosphere. *Nature* 564, 59–63.

78   Mikhailov KV, Konstantinova AV, Nikitin MY, Troshin PV, Rusin LY, Lyubetsky VA, Panchin YV, Mylnikov AP, Moroz LL, Kumar S and Aleoshin VV (2009) The origin of Metazoa: a transition from temporal to spatial cell differentiation. *Bioessays* 31, 758–768.

79   Miller S (1953) A production of amino acids under possible primitive Earth conditions. *Science* 117, 528–529.

80   Moyà-Solà S, Köhler M and Rook L (2005) The *Oreopithecus* thumb: a strange case in hominoid evolution. *Journal of human evolution* 49, 395–404.

81   Neveu M, Kim HJ and Benner SA (2013) The "strong" RNA world hypothesis: Fifty years old. *Astrobiology* 13, 391–403.

82   Och LM and Shields-Zhou GY (2012) The Neoproterozoic oxygenation event: Environmental perturbations and biogeochemical cycling. *Earth-Science Reviews* 110, 26–57.

83   Ogunseitan OA (2016) Bacterial Diversity, Introduction to In Kliman RM (ed) *Encyclopedia of Evolutionary Biology (vol. 1)*. Oxford, UK: Academic Press, pp 114–118.

84   Papineau D, She Z, Dodd MS, Iacoviello F, Slack JF, Hauri E, Shearing P and Little CTS (2022) Metabolically diverse primordial microbial communities in Earth's oldest seafloor-hydrothermal jasper. *Science Advances* 8, 1–16.

85   Parfrey LW, Lahr DJG, Knoll AH and Katz LA (2011) Estimating the timing of early eukaryotic diversification with multigene molecular clocks. *Proceedings of the National Academy of Sciences* 108, 13624–13629.

86   Penrose R (1990) The Emperor's New Mind: Concerning Computers, Minds, and the Laws of Physics. Oxford, UK: Oxford University Press.

87   Penrose R (1994) Shadows of the Mind: A Search for the Missing Science of Consciousness. Oxford, UK: Oxford University Press.

88   Porter SM (2004) The fossil record of early eukaryotic diversification. *The Paleontological Society Papers* 10, 35–50.

89   Rasmussen B, Fletcher IR, Brocks JJ and Kilburn MR (2008) Reassessing the first appearance of eukaryotes and cyanobacteria. *Nature* 455, 1101–1104.

90   Raup DM (1992) *Extinction – Bad Genes or Bad Luck?* New York, NY: WW Norton and Company.

91   Ritson D and Sutherland JD (2012) Prebiotic synthesis of simple sugars by photoredox systems chemistry. *Nature Chemistry* 4, 895–899.

92   Rospars J-P (2013) Trends in the evolution of life, brains and intelligence. *International Journal of Astrobiology* 12, 186–207.

93   Russell DA and Séguin R (1982) Reconstruction of the small Cretaceous theropod *Stenonychosaurus inequalis* and a hypothetical dinosauroid. *Syllogeus* 37,1–43.

94   Sagan C and Drake F (1975) The Search for Extraterrestrial Intelligence. *Scientific American* 232, 80–89.

95   Schirrmeister BE, Sanchez-Baracaldo P. and Wacey D (2016) Cyanobacterial evolution during the Precambrian. *Cyanobacterial evolution during the Precambrian* 15, 187–204.

96   Schoch RR (2014) *Amphibian Evolution – The Life of Early Land Vertebrate*. Oxford, UK: WILEY Blackwell.

97   Schopf JM and Parcker BM (1987) Early Archean (3.3 billion to 3.5 billionyear old) microfossil from Warrawoona Group, Australia. *Science* 237, 70–73.

98   Schopf JW, Kudryavtsev AB, Osterhout JT, Williford KH, Kitajima K, Valley JW and Sugitani K. (2017) An anaerobic~ 3400 My shallow-water microbial consortium: Presumptive evidence of Earth's Paleoarchean anoxic atmosphere, *Precambrian Research* 299, p. 309–318.

99   Sebé-Pedrós A, Degnan BM and Ruiz-Trillo I (2017) The origin of Metazoa: a unicellular perspective. *Nature Reviews Genetics* 18, 498–512.

100   Shevchenko II., Melnikov AV, Popova EA, Bobylev VV and Karelin GM (2019) Circumbinary Planetary Systems in the Solar Neighborhood: Stability and Habitability. Astronomy Letters 45, 620–626.

101 Smulsky JJ (2011) The Influence of the Planets, Sun and Moon on the Evolution of the Earth's Axis, International Journal of Astronomy and Astrophysics 1, 117.

102 Sojo V, Herschy B, Whicher A, Camprubí E and Lane N (2016) The Origin of Life in Alkaline Hydrothermal Vents. *Astrobiology* 16, p. 181–200.

103 Southam G, Rothschild LJ and Westall F (2007) The geology and habitability of terrestrial planets: fundamental requirements for life. *Space science reviews* 129, 7–34.

104 Spang A, Saw JH, Jørgensen SL, Zaremba-Niedzwiedzka K, Martijn J, Lind AE, van Eijk R, Schleper C, Guy L and Ettema TJG (2015) Complex archaea that bridge the gap between prokaryotes and eukaryotes. *Nature* 521, 173–179.

105 Stanford CB (2001) *The Hunting Apes: Meat Eating and the Origins of Human Behavior*. Princeton, NJ: Princeton University Press.

106 Stworzewicz E, Szulc J and Pokryszko BM (2009) Late Paleozoic continental gastropods from Poland: Systematic, evolutionary and paleoecological approach. *Journal of Paleontology* 83, 938–945.

107 Summons RE, Bradley AS, Jahnke LL and Waldbauer JR (2006) Steroids, triterpenoids and molecular oxygen. *Philosophical Transactions of the Royal Society B: Biological Sciences* 361, 951–968.

108 Susman RL (2005) *Oreopithecus*: still apelike after all these years. *Journal of human evolution* 49, 405–411.

109 Sweeney D, Tuthill P, Sharma S and Hirai R (2022) The Galactic underworld: the spatial distribution of compact remnants. Monthly Notices of the Royal Astronomical Society 516, 4971–4979.

110 Tattersall I (2016) A tentative framework for the acquisition of language and modern human cognition. *Journal of Anthropological Sciences* 94, 157–166.

111 Taylor TN, Taylor EL and Krings M (2009) *Paleobotany: The Biology and Evolution of Fossil Plants*. Amsterdam, HO: Academic Press, 2d ed.

112 van Tuinen M and Hadly EA (2004) Error in Estimation of Rate and Time Inferred from the Early Amniote Fossil Record and Avian Molecular Clocks. *Journal of Molecular Evolution* 59, 267–276.

113 Vinge VS (1993) Technological Singularity. In VISION-21 Symposium sponsored by NASA Lewis Research Center and the Ohio Aerospace Institute. Vernor Vinge Magazine: Whole Earth Review, pp. 30–31.

114 Webb S (2015) *If the Universe is Teeming with Aliens ... where is Everybody? – Seventy-Five Solutions to the Fermi Paradox and the Problem of Extraterrestrial Life*. Berlin, GE: Springer International Publishing, 2th ed.

115 Yamaguchi M, Mori Y, Kozuka Y, Okada H, Uematsu K, Tame A, Furukawa H, Maruyama T, O'Driscoll Worman C and Yokoyama K (2012) Prokaryote or eukaryote? A unique microorganism from the deep sea. *Journal of Electron Microscopy* 61, 423–431.

116 Zhang B (2018) The Physics of Gamma-Ray Bursts. Cambridge, UK: Cambridge University Press.

117 Zhao W, Zhang X, Jia G, Shen YA and Zhu M (2021) The Silurian–Devonian boundary in East Yunnan (South China) and the minimum constraint for the lungfish–tetrapod split. *Science China Earth Sciences* 64, 1784–1797.

118 Zimorski V, Mentel M, Tielens AG and Martin WF (2019) Energy metabolism in anaerobic eukaryotes and Earth's late oxygenation, Free Radical Biology and Medicine, 140, p. 279–294.

119 Cohen KM, Finney SC, Gibbard PL and Fan J-X (2013; updated) The ICS International Chronostratigraphic Chart. Episodes 36: 199–204.

120 Takeuchi Y, Furukawa Y, Kobayashi T, Sekine T, Terada N and Kakegawa T (2020) Impact–induced amino acid formation on Hadean Earth and Noachian Mars. Scientific reports 10, 1–7.